Análise da atuação da enfermagem no ambulatório: a distância entre *ser* e *dever ser*

Sônia Maria Brutscher

Análise da atuação da enfermagem no ambulatório: a distância entre *ser* e *dever ser*

EDITORA UnB

IMPRENSA OFICIAL SP

Direitos exclusivos para esta edição:

Editora Universidade de Brasília
SCS Q. 02 Bloco C Nº 78 Ed. OK 2º andar
70300-500 Brasília DF
Tel: (0xx61) 226-6874
Fax: (0xx61) 225-5611
editora@unb.br

Imprensa Oficial do Estado
Rua da Mooca, 1921
03103-902 – São Paulo, SP
Tel: (0xx11) 6099-9446
Fax: (0xx11) 6692-3503
imprensaoficial@imprensaoficial.com.br
SAC 0800-123401

Equipe editorial: Airton Lugarinho (Supervisão editorial); Fátima Rejane de Meneses (Acompanhamento editorial); Wilma Gonçalves Rosas Saltarelli (Preparação de originais); Wilma Gonçalves Rosas Saltarelli e Maria Carla Lisboa Borba (Revisão); Raimunda Dias (Editoração eletrônica); Aquatro Design Gráfico (Capa); Luiz Antônio Rosa Ribeiro (Supervisão gráfica).

Ficha catalográfica elaborada pela
Biblioteca Central da Universidade de Brasília

Brutscher, Sônia Maria
B913 Análise da atuação da enfermagem no ambulatório: a distância entre *ser* e *dever ser*. / Sônia Maria Brutscher. – Brasília : Editora Universidade de Brasília : São Paulo : Imprensa Oficial do Estado, 2000.
236 p.

ISBN 85-230-0565-X

1. Enfermagem laboratorial. 2. Política sanitária-Brasil. I.Título.

CDU – 614.253.5(81)
614.4(81)

Em

memória de meus pais

Guilhermina e Ricardo

Sumário

Parte II
Aspectos históricos e a modelagem do *dever ser*

Parte III
A pesquisa: aspectos da realidade (o *ser* em contraposição ao *dever ser*)

Introdução

O tema escolhido para esta dissertação de mestrado vem nos acompanhando há muito tempo e é fruto de observações e reflexões desde nossa época de estudantes. A tônica das discussões que vinham sendo mantidas, em nosso período de universitários, entre professores e estudantes da Faculdade de Enfermagem da Universidade Católica de Minas Gerais era o estabelecimento de um verdadeiro ambulatório, em Belo Horizonte, entendido não apenas no seu sentido de atuação, no que se refere à população da cidade, mas também como um local de aperfeiçoamento de estudantes e enfermeiras diplomadas, algo que congregasse as funções de assistência (em seu sentido lato), de ensino, difusão e aperfeiçoamento do conhecimento.

Após concluirmos a graduação, e já tendo experiência em enfermagem hospitalar, trabalhamos aproximadamente dois anos na Indústria Matarazzo, em Lavras — MG. A empresa possuía o que hoje poderíamos denominar de "ambulatório rudimentar", sendo o atendimento realizado por um só médico. Aos poucos, analisando o que ali se passava, acalentamos um sonho: vincular o ambulatório a um sistema compromissado com a saúde do trabalhador, de forma geral, de modo a não somente atendê-lo, mas divulgar informações (promoção de saúde) às gestantes, esposas ou companheiras dos trabalhadores, acompanhar o desenvolvimento das crianças, ensinar desde noções básicas de higiene até idéias relativas à nutrição, ligadas diretamente ao poder aquisitivo das famílias, e divulgar aspectos voltados ao saneamento e à segurança no traballho, afetando diretamente os operários, bem como a orientação e atendimento odontológico, além de médico; enfim, que funcionasse nos moldes atualmente propostos — promoção de saúde, prevenção, cura e reabilitação.

Após quase uma década de experiência prática, ingressamos no corpo docente da Faculdade de Enfermagem da EFOA, em Alfenas, MG. Nesses anos questionamos o amadurecimento profissional, os aspectos de *teoria* e *prática* da enfermagem: os antigos sonhos agora adquiriam nova dimensão, voltada a indagações sobre o papel da enfermagem, como um todo, nas instituições de saúde em geral, e no ambulatório, em particular, à integração entre o que a teoria preconizava e o que a prática delimitava; a atuação concreta das equipes multiprofissionais; a maior ou menor amplitude e profundidade das consultas de enfermagem. Foi nesse momento que surgiu uma *chance* de aprofundar nossos estudos. Normalmente, uma ou duas professoras-enfermeiras tinham oportunidade, a cada ano, de se aperfeiçoar em outros locais. Assim viemos cursar pós-graduação de mestrado em Administração na Faculdade São Camilo de Administração Hospitalar. Como decorrência natural, o nosso centro de interesse passou a ser a atuação da enfermagem no ambulatório, reforçada por nossa posição de considerar que o trabalho analisado é mais gratificante, pelo contato direto com a população do que apenas a função exercida em hospitais.

Dentre todas as instituições de saúde, com suas características de maior ou menor especialização, o ambulatório destaca-se, tanto pela sua função quanto pela população a quem atende. Quanto à primeira, se bem que inserida no subsistema curativo, é nela que é possível exercer as ações que caracterizam os demais: além de atender a quem necessita de cuidados médicos (se urgentes, encaminhando para outras unidades, pronto-socorro, pronto atendimento ou mesmo o hospital), desempenha a tarefa de acompanhamento (inclusive, posterior a cirurgias) e de reabilitação, promove a prevenção e atua na promoção da saúde do indivíduo, da família e da comunidade. A população atendida constitui-se, geralmente, de pessoas de baixa renda, os possuidores de convênios mais simples, segurados do INPS e aqueles que não possuem nenhuma cobertura. Sua função social é, assim, claramente demonstrada.

O ambulatório, muitas vezes definido como "um conjunto de consultórios", por reunir médicos das mais diversas especialidades num só espaço físico (ou próximo), exerce a função de encaminhamento para consulta com a especialidade indicada, acompanha o desenrolar do caso e utiliza-se de consultas, exames, práticas, curativos, etc., a fim de recobrar, reaver, adaptar e/ou manter um estado de saúde. É também considerado como um "hospital" sem leitos, uma vez que está mais voltado a casos que podem ser resolvidos apenas com internação, após o que o paciente é liberado, deixando o leito vago para nova ocupação.

Outro aspecto que merece destaque refere-se à análise das funções da enfermagem, no âmbito geral dos serviços de saúde, e, mais particularmente, às do enfermeiro, em qualquer de suas unidades. Essa análise desenrola-se tanto no plano teórico quanto no prático, desembocando, de um lado, na procura de um modelo próprio e, de outro, em críticas ao existente: o quadro de referência da categoria encontra-se sob o crivo da maioria dos especialistas, principalmente dos próprios enfermeiros. O conteúdo das críticas — uma das formas de aprimorar e desenvolver modelo específico teórico/prático — varia segundo a ideologia, o enfoque metodológico, os aspectos envolvidos e os reclamos enunciados em termos mais ou menos concretos, mas converge para um foco: a diferença apontada entre teoria e prática, entre o *dever ser* e o *ser*.

Dessa forma, qualquer contribuição à problemática deverá partir da explicação do significado do modelo brasileiro, da concepção ideológica e metodológica da análise e da distinção entre a teoria, entendida como ponto de partida, e a práxis.

Diante do exposto, o presente estudo pretende não se configurar apenas como mais uma crítica do que é, sob a ótica particular da autora, mas um exame da realidade multifacetada do modelo brasileiro, correlacionando sua teoria com a prática existente em uma unidade dos serviços de saúde gerais: o ambulatório.

Quanto aos objetivos, estes podem ser assim explicitados:

Objetivo geral:

- destacar a correlação positiva ou negativa, ou seja, harmoniosa ou contraditória, entre o *dever ser* e o *ser*, no que se refere à atuação da enfermagem no ambulatório.

Objetivos específicos:

- investigar a visão que o administrador de instituições da saúde possui acerca da integração dos seus diferentes setores, com especial destaque do ambulatorial e do papel a ser desempenhado pelos especialistas do campo da enfermagem nesse setor;
- observar como a mesma visão é interpretada, no que se refere ao *dever ser* e *ser*, por parte do responsável pelo setor ambulatorial das instituições de saúde enfocadas;
- verificar, por meio de depoimentos dos enfermeiros que atuam no setor ambulatorial dessas instituições de saúde como se configura, na realidade, a prática profissional, contrapondo sua percepção, o *ser*, às determinações do *dever ser*, indicadas pelos administradores e responsáveis do setor.

Por sua vez, as hipóteses que orientaram o trabalho apresentam o seguinte enunciado:

Hipótese básica:

- existe um desvio significativo entre as funções determinadas pelo modelo conceitual para os enfermeiros em ambulatórios e as práticas por eles exercidas, em decorrência: a) da não-conscientização plena do papel do enfermeiro; b) do custo representado pelo profissional em atividades entendidas como rotineiras; c) da não-difusão global do conceito de equipes multiprofissionais, concebidas como onerosas e desnecessárias; d) da ênfase exagerada dada ao papel desempenhado pelos médicos.

Hipóteses secundária:

- a visão dos administradores de instituições de saúde sobre a integração setorial, sobre a posição do ambulatório no todo e sobre o papel do especialista do campo da enfermagem é predominantemente fundamentada no subaproveitamento do potencial do enfermeiro, na concepção mais utilitarista das equipes multiprofissionais e na ênfase aos procedimentos burocráticos;

- a necessidade de cumprir metas, apresentar resultados e supervisionar funções freqüentemente pré-determinadas pela direção geral leva o responsável pelo setor ambulatorial a dar mais destaque ao *ser* do que ao *dever ser*; o último é estimulado, na medida em que os objetivos são vistos também qualitativamente pelo administrador da instituição;
- na maioria dos casos, existe uma percepção de possível distorção entre *dever ser* e *ser* no desempenho profissional, por parte dos enfermeiros, sendo mais freqüente a satisfação no trabalho quando existe uma relação direta entre a tarefa executada e o reconhecimento da chefia, até certo ponto independente da abrangência das funções desempenhadas.

A metodologia empregada para a coleta, análise e interpretação de dados é apresentada no Capítulo 5, introduzindo a pesquisa de campo.

O trabalho divide-se em três partes distintas.

A primeira, aspectos formais, busca a reconstituição histórica do campo de saúde no Brasil, desde as políticas de saúde e sistema previdenciário, em meados do século passado, até a Lei Orgânica da Saúde nº 8.080, de 19 de setembro de 1990. A seguir, observamos as instituições de saúde, no plano global, até a unidade representada pelo ambulatório. Esse exame fundamenta-se no enfoque sistêmico, o que permite a abordagem da unidade ambulatorial como um subsistema do sistema maior de saúde, estabelecendo seus parâmetros, características e funções. Parte predominantemente descritiva, apresenta também a análise crítica das normas, leis, disposições, assim como do significado das instituições de saúde, no que se refere aos seus objetivos.

A segunda, aspectos históricos e a modelagem do *dever ser*, desdobra-se de acordo com uma abordagem histórica da medicina e da enfermagem, na sociedade ocidental, nos modos de produção pré-capitalista, na sociedade capitalista e sua introdução no Brasil

Colônia. À descrição cronológica dos fatos principais segue-se sua interpretação, em forma de conclusões parciais, após cada um dos itens de que se compõe o terceiro capítulo. Este tem por finalidade demonstrar que nossa herança cultural influiu nos valores que cercaram a atuação médica e de enfermagem na sociedade emergente das Américas. O Capítulo 4, e o da teoria e da prática (práxis) da enfermagem no Brasil indica como se estrutura o modelo de enfermagem vigente e aponta as principais críticas que lhe são feitas.

Uma vez descrita, analisada e criticada, sob o ponto de vista teórico, a estrutura de saúde, obtemos um modelo *dever ser*, que passa a ser contraposto à práxis, interpretada como *ser*. A pesquisa de campo obteve subsídios para o exame dessa dualidade e de como ela se apresenta no momento atual.

Dessa maneira, a terceira parte refere-se à pesquisa e intitula-se A pesquisa: aspectos da realidade (O *ser* em contraposição ao *dever ser)*.

Os resultados, apresentados e interpretados nesse capítulo, propriciam o enunciado de algumas conclusões específicas, assim como a comprovação ou refutação, no todo ou em parte, das hipóteses que orientam nosso trabalho.

Parte I

Aspectos formais

Capítulo 1

Brasil: sistema de saúde

Políticas sociais em saúde pública e medicina previdenciária

A questão da saúde no Brasil, enfocada como um binômio presença/ausência relativa de doença na população, emerge como política social embrionária, identificando, de um lado, a saúde como contenção da doença e, de outro, o Estado como "fonte" de resolução do problema. As razões primordiais dessa visão referem-se ao contexto em que se desenvolve uma economia capitalista exportadora cafeeira, à crescente urbanização no início das primeiras décadas do século e, também, ao incremento, a princípio lento e depois mais sentido, da própria industrialização. Esses fatores alteram as condições de vida e, conseqüentemente, a visão global das questões de saúde: esta apresenta uma progressiva institucionalização, ou seja, as organizações voltadas à saúde coletiva (doenças da população) tendem a ser públicas, estatais, tornando-se instituições médicas de saúde pública, centradas no Estado, ao lado de uma política social de saúde voltada aos aspectos:

a) do saneamento dos núcleos urbanos e dos portos (ligados ao segmento comercial-financeiro do complexo exportador e ao nascente capital);
b) da criação de condições mínimas para atração (inclusive imigração), retenção e produção de mão-de-obra, por serem aquelas escassas e necessárias ao desenvolvimento do mercado de trabalho capitalista.

Compreende-se, assim, que as primeiras medidas visam a dois grupos de doenças: as pestilensiais, como cólera, peste bubônica, febre amarela e varíola, e as denominadas "de massa", infecciosas e parasitárias, entre elas febre tifóide, tuberculose e lepra, aliando, na análise do quadro nosológico do país, doenças relacionadas com condições de vida e de trabalho a outras mais gerais.

Cronologicamente, o presidente Rodrigues Alves inaugura, em 1902, um amplo programa de obras públicas, cuja finalidade é o saneamento do Rio de Janeiro; em São Paulo, dando continuação ao trabalho de Emílio Marcondes Ribas, encarrega Oswaldo Cruz do combate à febre amarela, 1903 (Stepan, 1976: 11). A seguir, no ano de 1904, é promulgada a lei de vacinação obrigatória contra varíola; lançam-se campanhas contra a febre amarela e a peste bubônica; por intermédio de atos jurídicos impositivos (notificações de doenças, vacinação, vigilância sanitária) e outras medidas gerais, visa-se à promoção da higiene urbana (Rosário, 1977: 17).

As características anteriormente citadas, de institucionalização dos processos de organização sanitária e do interesse destes na estrutura econômica vigente, são ainda salientadas por Singer *et al.* e Braga.

> Em março deste mesmo ano (1904) é posta em vigor a nova organização sanitária resultante da ampla reforma dos serviços sanitários, efetuada por Oswaldo Cruz e que conferiu à Diretoria-Geral de Saúde Pública grande soma de atribuições, reforçando, sobremaneira, as participações do Governo da União na área de saúde (1977: 27-28).
>
> No seu conjunto, essas medidas relacionadas à saúde pública não ultrapassam os limites de soluções imediatas a agudos problemas que, de uma forma ou outra, podem comprometer o processo de acumulação cafeeira (1978: 3).

Na década de 1920, ocorrem tentativas de expandir, pelo país, essas medidas de saúde pública: se até então as unidades existentes eram vinculadas aos governos estaduais e voltadas primordialmente às capitais e cidades principais, com ínfima participação, tanto de entidades filantrópicas como da Federação, a Reforma Carlos Chagas, de 1923, visa ampliar o atendimento à saúde por parte do poder central. Cria-se o Departamento Nacional de Saúde

Pública, considerando de atribuição federal o saneamento rural e urbano, a higiene infantil, industrial e profissional, a saúde da população dos portos e do Distrito Federal, o combate das endemias rurais, assim como a propaganda sanitária, atividades de supervisão e de fiscalização dos programas. É nesse mesmo ano que, pela Lei nº 4.082, são estabelecidas as Caixas de Aposentadoria e Pensões, que se constituem no embrião do seguro social no Brasil; entretanto, até 1930, os benéficios alcançam limitada parcela de assalariados.

As medidas que visam controlar e regulamentar o mercado de trabalho, desembocando na fundação das Caixas, podem ser assim sintetizadas:

a) 1917 — o Código Sanitário estadual estabelece a obrigatoriedade da autorização dos pais para o emprego de menores de dezoito anos;
b) 1919 — promulgação de uma lei que preconiza a indenização de acidentes de trabalho nas fábricas e nas companhias de transporte e construção;
c) 1919 — alguns meses após a lei anterior, criam-se companhias privadas, voltadas ao seguro de trabalho;
d) 1922 — durante a gestão de Artur Bernardes, é constituído o Conselho Nacional do Trabalho;
e) 1923 — criação das Caixas de Aposentadorias e Pensões (CAPs), pela Lei Eloy Chaves, nº 4.682 (Braga, 1978: 10-11).

Rosário, Braga, Simão e Luz analisam os aspectos relacionados com essa primeira fase e a que se seguiu a partir de 1930: aceleração da industrialização e da urbanização, que agravam as condições de saúde da população; mobilização e sindicalização dos trabalhadores, principalmente após 1937; a acumulação deslocada para o capital industrial; a relativa autonomia do governo a partir da ruptura da estrutura de poder da Primeira República. Segundo esses autores,

> a escassez relativa de mão-de-obra, na primeira etapa de nosso desenvolvimento capitalista, impôs, ao lado da promoção de políticas de imigração do trabalhador estrangeiro, a concentra-

ção de esforços, visando à melhoria geral da saúde, como fator de reprodução da mão-de-obra, dadas as precárias condições de trabalho e dado que o salário real se mantinha, em geral, perto do nível de subsistência (Rosário, 1977: 18).

Só a partir dos anos de 1930, com a alteração do caráter do Estado e a necessária ampliação de suas bases sociais, é que as questões sociais ganham foros políticos, isto é, passam a fazer parte da problemática do poder. E, mais ainda, num segundo momento, quando a acumulação capitalista passa a ser dominada pelo capital industrial, esse processo político ganha respaldo econômico (Braga, 1978: 12).

A partir do momento em que a nova dinâmica de acumulação de capital, sob dominação do capital industrial, produza seus resultados característicos, como a aceleração da urbanização, a ampliação da massa trabalhadora em precárias condições de higene, saúde, habitação, etc., novas exigências pressionarão, no sentido de efetivação e ampliação das políticas sociais (Simão, 1966: 32).

A contenção da doença, se não o expanadir-se da saúde, tomada abstratamente como "bem-estar", é também uma exigência das classes no poder junto ao Estado que as representa: as epidemias, mais do que um entrave ao desenvolvimento econômico, constituem uma ameaça física a ser afastada. (...) Os serviços de saúde pública, mais geralmente as instituições de saúde, são, em grande parte, historicamente, palco de luta dos trabalhadores, resultado de conquistas sindicais e de revoluções no mundo capitalista (Luz, 1986: 53).

Resumindo: em um primeiro momento, o mercado dominado por uma economia capitalista-exportadora cafeeira propicia a acumulação que irá incentivar o desenvolvimento da industrialização que, por seu lado (ou concomitantemente, ou mesmo, em alguns casos, se apresentando como conseqüência), acelera a urbanização. A mão-de-obra, relativamente escassa, propugna, de um lado, uma política de imigração de trabalhadores estrangeiros, de outro, impõe a criação de uma política social da saúde, com a finalidade de reprodução da força de trabalho. Nesse processo, as empresas constituem um poder de coação sobre o Estado, visando transferir o ônus de uma política de saúde nacional aos órgãos públicos, somente e na medida do necessário para manter o fluxo da oferta da mão-de-obra. O aumento da massa trabalhadora e sua sindicalização constituem um segundo fator a pressionar o Estado, lutando para obter melhorias, inclusive no campo da saúde.

Entre as décadas de 1930 e 1970, por sua vez, ocorrem dois fenômenos que se correlacionam: a emergência de uma ampla política nacional de saúde e a elaboração e o desenvolvimento da medicina previdenciária. Observemos, de forma sintetizada, a evolução de cada um deles, iniciando com a política nacional de saúde.

Histórico da política nacional referente à saúde

QUADRO I

Marcos da política nacional referente à saúde (1930 - 1977)

Ano	Decisão	Características
1930	Criação do Ministério da Educação e Saúde	Composto por dois departamentos nacionais: o de educação e o de saúde.
1934	Alteração do nome do Departamento para Departamentação Nacional de Saúde e Assistência Médica	Assume a coordenação plena dos departamentos estaduais de saúde, uniformizando a organização: a) diretoria; b) coordenação de órgãos centralizados, compostos de serviços especiais (combate à lepra, à febre amarela, à tuberculose, etc.) e abrangendo hospitais e laboratórios; c) coordenação de órgãos descentralizados, como centros de saúde urbanos e postos de higiene rurais.
1937 e 1939	Serviço Nacional de Febre Amarela e Serviço de Malária do Nordeste	Conveniados com a Fundação Rockfeller
1940 e 1941	Serviço de Malária da Baixada Fluminense e Departamento Nacional da Criança; Serviço Nacional de Educação Sanitária, Serviço Nacional de Fiscalização da Medicina, Serviço Federal de Bioestatística e Serviço Federal de Biometria Médica	Acentua-se a expansão da atenção à saúde em direção ao interior, pois, com a criação da Caixa de Fundos para "os serviços de assistência e saúde pública nos municípios", obtém-se 5% do total da receita arrecadada pelos municípios, que passa a ser investida nesses serviços, a partir "do momento em que o Departamento de Saúde Pública Estadual iniciar as instalações, nos distritos sanitários, dos serviços de higiene que irão atuar em caráter permanente" (Barreto, s.d.: s.n.).

Ano	Decisão	Características
1941	Reorganização do Ministério de Educação e Saúde	O Departamento Nacional de Saúde: a) incorpora diversos serviços de combate a endemias, já existentes, unificando os regionais e assumindo os federais; b) institucionaliza as campanhas sanitárias; c) centraliza e integra a formação de técnicos de saúde pública (Buss *et al.*, 1976: 114).
1942	Criação do Serviço Especial de Saúde Pública — SESP	Consiste numa "ampliação significativa dos recursos assistenciais no país, cobrindo áreas carentes e, naquele momento, econômica e militarmente estratégicas, como as de produção da borracha no Vale Amazônico" (Luz, em Guimarães, org., 1984: 159), em convênio com a Fundação Rockfeller.
1946	Alteração da denominação do "Serviço Nacional de Fiscalização da Medicina", que incorpora "e Farmácia"	Passa a regulamentar as diferentes atividades da indústria farmacêutica (um serviço específico de fiscalização da odontologia só viria a surgir quase dez anos depois).
1948	Campanha Nacional de Vacinação	Pela primeira vez, utiliza-se o método BCG.
1953	Criação do Ministério da Saúde	Avoca os serviços do DNS, ampliando as enfermidades sob seus cuidados (ancilostomose, tracoma, esquistossomose, bócio, brucelose, leishmaniose, doença de chagas, etc.); incentiva os SESPs, fazendo-os atuar na área de pesquisa e de formação de recursos humanos para a saúde.
1956	Departamento Nacional de Endemias Rurais	Ampliação das regiões atendidas, penetrando lentamente em áreas menos privilegiadas até então, mas que se configuram como pontos críticos ao longo das vias principais de transporte.
1963	Instituições do Fundo de Assistência do Trabalhador Rural	Primeira tentativa de abarcar a totalidade da população — urbana e rural — nos programas gerais de assistência médica (que, na realidade, esbarra em situações concretas, tanto econômicas quanto políticas, para sua concretização).

Ano	Decisão	Características
1967 e 1968	Reforma da Administração Federal (Decreto-lei nº 200, de 25/02/67 e Plano de Coordenação das Atividades de Proteção e Recuperação de Saúde	Redefinição das áreas de competência dos ministérios, o que envolve o da Saúde. A principal conseqüência são a elaboração e a implantação (apenas em áreas experimentais) do plano de 68, que explicita a dicotomia entre saúde individual e coletiva, cabendo ao MS as medidas de caráter coletivo e passando a responsabilidade ao setor privado (conveniando com o governo) pela atenção médica curativa.
1971	1º Plano Nacional de Desenvolvimento	Explicitação das responsabilidades pela saúde coletiva e individual.
1974	2º Plano Nacional de Desenvolvimento e criação do Ministério da Previdência e Assistência Social	Acentuam-se as tendências observadas com o 1º Plano.
1975	Sistema Nacional de Saúde	Ruptura entre os órgãos responsáveis pela saúde coletiva e os que passam a se dedicar à individual.
1977	Instituto Nacional de Atenção Médica da Previdência Social — Inamps	O componente "assistência médica" passa a predominar sobre a denominada "saúde pública"; almeja-se uma cobertura universal da atenção médica.

Fontes: J. C. S. Braga, 1978, *passim*; R. Guimarães (org.), 1984, *passim;* M.T. Luz, 1986: 55-57.

A separação do Ministério da Saúde do antigo MES (Ministério de Educação e Saúde), assim como a atividade desenvolvida, entre as décadas de 1930 e 1970, pelo MES são vistas pelos especialistas como de tendência centralizadora e de extensão relativa do atendimento, de um lado, e de esvaziamento (do MS) e "marginalização", de outro, finalizando, na década de 1970, com a separação de órgãos que atendem à saúde coletiva da individual, sobrepondo-se a segunda à primeira:

a) para Luz, em Guimarães, org., 1984: 160),

> as instituições médicas que, a partir de 1930, tomam cada vez mais a forma de aparelho de estado aparecem, assim, como dupla resposta: resposta às reivindicações dos movimentos sociais da década de 1920 e resposta de um sistema de poder que tentará a realização do processo de industrialização da sociedade brasileira com o mínimo de transformações sociais que impliquem repartição da riqueza ou das decisões. Esse poder, poder do Estado, responde centralizando decisões ...;

b) as condições de vida da população permanecem, do ponto de vista estrutural, da mesma forma, com a concentração do poder econômico e apenas concessões — como atenção médica, aposentadoria, pensões — para a reprodução da força de trabalho; mesmo na atenção médica podemos observar que determinadas doenças são combatidas, mas não suas causas e *fatores agravantes*: a tuberculose é tratada, mas a desnutrição se dissemina; décadas se passam sem que o discurso referente a esgotos, fossas, água encanada e tratada se torne prática institucional, etc.;

c) para Buss *et al.* (1976: 36),

> enquanto os órgãos de saúde pública se multiplicam [e se institucionalizam] em projetos de saúde pública, paulatinamente a saúde, como setor, esvazia-se, a ponto de a própria separação do Ministério da Saúde do antigo MES significar um esvaziamento institucional do setor saúde enquanto setor estatal;

d) a criação do Ministério da Saúde "evidencia mais uma vez não só a importância relativa da saúde pública na política estatal de saúde, como também o seu caráter secundário no conjunto das prioridades políticas do Estado brasileiro": quando da separação, é ao setor de saúde que cabe a menor parte do espólio, a menor fração do orçamento, a consignação de somente um terço do imposto sobre educação e saúde, etc. (Braga: 1978: 22-23 e 190);

e) para evitar a tradicional justaposição e duplicação de serviços que a divisão estanque de trabalho tem produzido na saúde, o sistema nacional de saúde tenta prever a implantação de serviços municipais, com ações médicas hierarquizadas segundo graus de sofisticação tecnológica, abrindo espaço para uma *atenção médica primária* generalista, mais de acordo com *as necessidades médicas imediatas* de grande parte da população brasileira (o grifo é nosso, sobre o texto de Luz, em Guimarães, org., 1984: 163).

Passemos, agora, ao histórico da medicina previdenciária, entre as décadas de 1910 e 1970.

Histórico da medicina previdenciária

QUADRO II
Cronologia das principais medidas legislativas da Previdência Social (1910-1977)

Ano	Medida	Características
1911	Decreto nº 9.284	Instalação da Caixa de Aposentadoria e Pensões dos empregados da Casa da Moeda.
1919	Decreto nº 3.724	Instituição do Seguro Obrigatório de Acidentes de Trabalho abrangendo todos os trabalhadores.
1923	Decreto legislativo nº 4.682 — Lei Eloy Chaves	Instituição das Caixas de Aposentadoria e Pensões dos empregados das Empresas Ferroviárias.
1923	Decreto nº 16.027	Criação do Conselho Nacional do Trabalho, cuja finalidade é o estudo dos problemas do trabalho e da Previdência Social.
1926	Decreto nº 5.109	Reformulação e ampliação da Lei Eloy Chaves (24/01/23), estendendo a Previdência Social aos portuários e marítimos.
1931	Decreto nº 19.667	Criação do Ministério do Trabalho, Indústria e Comércio.
1931	Decreto nº 20.465	Estende o regime de Caixas de Aposentadoria e Pensões a todos os empregados de serviços públicos: aqueles que ou são explorados diretamente, ou concedidos a outros. Exemplos: trabalhadores de empresas de telefone e telégrafo, de serviços de gás, água e esgoto, de força e luz, etc.
1932	Decreto nº 22.096	Estende-se o regime de caixas às empresas de mineração e transporte aéreo.
1933	Decreto nº 22.872	Instituição do Instituto de Aposentadoria e Pensões dos Marítimos (IAMP).

Ano	Medida	Características
1933	Decreto nº 23.279	Instituição do Instituto de Aposentadoria e Pensões dos Comerciários (IAPC).
1934	Decreto nº 24.615	Instituição do Instituto de Aposentadoria e Pensões dos Bancários (IAPB).
1936	Lei nº 367	Instituição do Instituto de Aposentadoria e Pensões dos Industriários (IAPI).
1938	Decreto-lei nº 288	Criação do Instituto de Previdência e Assistência dos Servidores do Estado (Ipase).
1938	Decreto-lei nº 651	Instituição do Instituto de Aposentadoria e Pensões dos Empregados em Transportes e Cargas (Iapetec).
1939	Decreto-lei nº 1.355	Instituição do Instituto de Aposentadoria e Pensões dos Trabalhadores da Estiva (IAPE).
1940	Decreto-lei nº 2.478	Criação do Serviço de Alimentação da Previdência Social (SAPS).
1945	Decreto nº 18.809	Aprovação da regulamentação da Lei de Acidentes do Trabalho.
1945	Decreto-lei nº 7.729	Incorporação do Instituto de Aposentadoria e Pensões da Estiva ao dos Trabalhadores em Transportes e Cargas.
1945	Decreto-lei nº 7.835	As aposentadorias e pensões passam a ser relacionadas com o valor do salário-mínimo.
1946	Decreto-lei nº 8.769	Autoriza-se uma série de medidas que promovam a simplificação dos procedimentos burocráticos; destaca-se a eliminação do exame médico e do limite de idade para o ingresso no instituto.
1949	Decreto nº 26.326 e Decreto nº 27.626	Reformulação do Instituto de Previdência dos Funcionários Públicos Civis da União para constituir o Instituto de Aposentadoria e Pensão de Servidores do Estado (Ipase).

Ano	Medida	Características
1949	Decreto nº 27.664	Criação do Serviço de Assistência Médica Domiciliar e de Urgência da Previdência Social (Samdu).
1953	Decreto nº 34.586	Criação da Caixa de Aposentadoria e Pensões dos Ferroviários e Empregados em Serviços Públicos (Capfesp); a conseqüência é a fusão de todas as caixas.
1960	Lei nº 3.807	Lei Orgânica da Previdência Social — representa a uniformização legislativa da Previdência Social do Brasil.
1963	Lei nº 4.214	Aprovação do Estatuto do Trabalhador Rural e criação do Fundo de Assistência ao Trabalhor Rural (Funrural).
1966	Decreto-lei nº 12	Unificação da Previdência Social no Brasil, com a criação do Instituto Nacional da Previdência Social (INPS).
1966	Decreto-lei nº 66	Alteração da Lei Orgânica no aspecto referente à anotação na Carteira de Trabalho, como efeito de prova do certificado de matrícula das empresas; determinação do teto do salário-benefício em 10% do salário-mínimo e outras providências.
1967	Decreto-lei nº 276	Modificação do Estatuto do Trabalhador Rural, com a supressão de benefícios em dinheiro.
1967	Lei nº 5.316	Integração do Seguro de Acidentes de Trabalho na Previdência Social.
1971	Lei Complementar nº 11	Criação do Programa de Assistência ao Trabalhador Rural (Pró-Rural), administrado pelo Fundo de Assistência ao Trabalhador Rural (Funrural).
1972	Lei nº 5.859	Os domésticos tornam-se segurados obrigatórios da Previdência Social.

Ano	Medida	Características
1973	Decreto nº 73.031	Criação do Serviço de Pronto-Socorro da Previdência Social.
1974	Lei nº 6.136	Inclusão do salário-maternidade entre os benefícios da Previdência Social.
1974	Lei nº 6.179	Instituição do auxílio-inatividade para inválidos e idosos, mesmo para os que não tenham sido contribuintes.
1975	Decreto nº 75.208	Extensão dos benefícios do Funrural aos garimpeiros.
1975	Lei nº 6.210	Extinção das contribuições sobre aposentadoria, pensões e auxílio-doença, mantidos pelo INPS; suspensão da aposentadoria por motivo de retorno à atividade.
1975	Lei nº 6.243	Regularização da situação: a) do aposentado pela Previdência Social que retorna ao trabalho; b) do segurado que se vincula ao regime da Previdência Social após ter completado sessenta anos.
1976	Decreto-lei nº 77.077	Consolidação das Leis da Previdência Social.
1976	Decreto nº 77.210	Os jogadores profissionais de futebol tornam-se segurados obrigatórios da Previdência Social.
1976	Lei nº 6.367	Inclusão das reparações, por acidentes de trabalho, na Previdência Social.
1977	Lei nº 6.330	Integração à Previdência Social do Sasse (Economiários).
1977	Lei nº 6.439	Criação do Sistema Nacional de Previdência e Assistência Social (Sinpas).

Fontes: V. Valerius, 1958, *passim*; C. B. Leite, L. A. P. Velloso, 1963, *passim*; M. V. Russomano, 1979: 78-93.

Três aspectos destacam-se na análise da história da medicina previdenciária, apresentando-se rigorosamente entrelaçados: o primeiro diz respeito à questão de quem, na realidade, suporta os gastos da medicina previdenciária; o segundo refere-se ao fenômeno de acumulação empresarial no setor de saúde privada, às expensas dos serviços de convênios com órgãos públicos e sua capacidade de atendimento das globais necessidades da população (ocorrida numa fase de total desenvolvimento do capitalismo dependente e periférico, característica que só agora o país procura vencer, muito mais nos objetivos pré-fixados, com alarde, pelo atual governo, do que na atuação do dia-a-dia dos ministérios e do próprio presidente); e o terceiro, cuja tendência já se aponta no exame do histórico da política nacional referente à saúde, e que alude à predominância da assistência médica sobre a saúde pública.

Verificando o primeiro aspecto levantando, se se fizer uma comparação entre os percentuais de contribuição de assalariados e empregadores, poder-se-á argumentar que a maior parte dos gastos com a medicina previdenciária é sustentada pelos últimos. Entretanto, tal concepção é falsa: se, de fato, as contribuições dos empregados podem ser entendidas como tributo direto, a parte paga pelos empregadores (empresas)

> deve ser considerada como custos relativos a encargos sociais e, como tal, transferidos para frente sob a forma de aumento no preço dos produtos ou serviços. Essa transferência, para os preços, dos encargos sociais é exatamente possível, na medida em que já está firmado na economia brasileira o controle oligopólico da produção e dos mercados (Possas, 1977-1979).

Entendendo-se que, por seu lado, o governo participa na totalização dos recursos previdenciários — apesar de seu percentual ser ridículo, abaixo de 10%, quando em países desenvolvidos a média gira em torno de 40% (Braga, 1978: 99) —, concluímos que o financiamento direto dos serviços médicos previdenciários é suportado diretamente pelos assalariados e pelo público em geral.

O segundo aspecto nos remente aos fins dos anos de 1950 e início dos de 1960, quando ocorre o primeiro *boom* de assistência médica previdenciária: torna-se, então, claro que a própria rede de serviços do setor público não dispõe de capacidade para atender a crescente demanda por atenção à saúde. Abre-se, assim, o espaço para o capital privado desenvolver-se nesse setor de atividade. Em 1964, "a rede de serviços próprios provenientes das antigas instituições era bastante modesta: dois hospitais em atividades, cinco em construção, 505 ambulatórios e 28 consultórios médicos", para o atendimento de um total de beneficiários que então corresponde a 22% do total da população brasileira, aumentando, em 1969, para 39%; em conseqüência, no ano de 1967, "dos 2.800 hospitais existentes no país, 2.300 estavam contratados pelo INPS" (Donnangelo, 1975: 72).

A rede pública constituída vai dominar a produção de serviços nesse setor, a criação do INPS e sua política de convênios; ao mesmo tempo, a rede oficial previdenciária passará cada vez mais a um plano secundário no que se refere ao volume de atos médicos, principalmente internações. Portanto, ocorre uma consolidação da ocupação capitalística da assistência médica: a expansão, cada vez mais acelerada, de gastos em medicina previdenciária criou condições para a escalada da expansão capitalista da rede de serviços, da mesma forma que para o surgimento de empresas médicas privadas, cuja capacidade ambulatorial ou hospitalar destina-se ao conveniamento e credenciamento junto ao INPS:

> A política do INPS se define pela contratação de serviços médicos hospitalares aos particulares, e é por meio dessas contratações e subsídios que vão surgindo as possibilidades do crescimento empresarial médico. Empresa médica, hospital como fonte de lucro, pagamento das contas hospitalares por unidades de serviços — eis os ingredientes de reprodução ampliada e acelerada do sistema de desigualdades médico-sanitárias presentes em nossa medicina (Fiori, em Guimarães, org., 1984: 23).

Com a continuidade dessa política, as empresas médicas, os hospitais, os ambulatórios, os laboratórios de exames clínicos e radiológicos, as fábricas de equipamentos médicos, as indústrias farmacêuticas incorporam uma técnica altamente sofisticada às suas atividades, desaparecendo a preocupação com programas simples, mas eficazes, de saúde pública. Constituem, hoje, uma área de acumulação de capital plenamente insaturada, como confirma um relatório do antigo INPS:

> em realidade, existem quatro grandes setores influentes nas decisões em relação à assistência médica: as empresas de prestação de serviços de saúde, a indústria farmacêutica, a indústria de equipamentos e o pessoal das equipes de saúde (Brasil, Instituto Nacional de Previdência e Assistência Social, 1975: 3).

Da mesma forma, em 1977, o ministro da Previdência, Nascimento e Silva, afirma que:

> A privatização da medicina, com a compra de serviços médico-hospitalares, contribui para *agravar a desigualdade da distribuição da riqueza*, na medida em que beneficia as camadas de população que possuem um melhor nível de vida, de escolaridade e de renda, em detrimento das áreas periféricas, que permanecem desassistidas, pois o atendimento se concentra nas áreas escolhidas pela iniciativa privada e, por isso, economicamente rentáveis (*apud* Mello, 1977: 209-210, grifos nossos).

Portanto, se necessidades de leitos hospitalares, custos operacionais enganadoramente mais baixos, tempo médio de permanência inferior — quando não se trata de hospitais especializados, como o são os de tratamento de tuberculose, onde, principalmente na década de 1970, o sistema de pagamento era de diária global, levando a uma permanência 54,7% maior —, taxa de mortalidade menor levam a considerar mais adequados os serviços médico-hospitalares privados para a *totalidade* da população, tais fatores são relativos. Enquanto atendidos em convênio, a internação *desnecessária* do paciente é mais numerosa, *principalmente até menos de duas semanas*, pois, a partir desse prazo, para pacientes não-submetidos a cirurgias, a remuneração médica diminui gradativamente. Estudantes de medicina, médicos estrangeiros, com diploma ainda não revalidado, e enfermeiras não-formadas (auxiliares e atendentes) são mão-de-obra barata, cujo uso reduz o custo de produção dos serviços. A atitude de evitar, tanto quanto possível, a internação de casos irrecuperáveis, que permaneceriam durante períodos prolongados na empresa hospitalar, faz baixar o tempo médio de permanência, e o sistema de pagamento de serviços médico-assistenciais, pela quantidade de tarefas executadas, conhecido como pagamento por unidade de serviço, indissociável da privatização, constitui, comprovadamente, um fator incontrolável de corrupção, haja vista, por exemplo, os elevados coeficientes das cesarianas, que chegam a 60%, sem qualquer suporte de natureza técnica (Mello, 1977, *passim*, grifos nossos). Concluindo, reforça-se o conceito de que a privatização em larga escala, promovida principalmente desde a década de 1960 nos serviços médico-hospi-talares, constitui um instrumento concentrador de renda.

Por fim, no que diz respeito ao último problema, verificamos outra distorção: a dominância da assistência médica sobre qualquer outra atividade — saúde pública, saneamento básico, recursos humanos, etc.

Poder-se-ia argumentar que tal "inversão" é compreensível, dada a magnitude da população que busca assistência médica, sendo a cobertura extensível a "cerca de 70%" dela "nas regiões urbanas" (Luz, em Guimarães, org., 1984: 165). Mas tal fator contribui para "mascarar" as relações desse setor com outros altamente lucrativos para o capital privado, como, por exemplo, a produção de medicamentos e de equipamentos hospitalares, principalmente quando a assistência médica, como foi dito, tende a dar destaque às internações: primeiro, por serem mais lucrativas e, segundo, por ensejarem as monumentais fraudes, cuja ponta do *iceberg* foi vislumbrada apenas na década de 1970.

O que queremos salientar é que todo o esforço se volta ao tratamento das conseqüências das doenças, em vez dos fatores que as provocam: gastam-se somas astronômicas em consultas médicas, em hospitalização, em remédios, deixando em segundo plano a canalização de água e esgotos, programas de difusão dos hábitos de higiene, de prevenção de doenças! E, uma vez estas se manifestando,

> prescrevem-se abusivamente antibióticos para "estados febris", tranqüilizantes para as ansiedades provocadas pela situação laboral, vitaminas para as populações de baixa renda, alimentos industrializados para as populações famintas, analgésicos, antiinflamatórios e remédios para o "fígado" para os estados mórbidos e sintomas mal definidos por uma prática médica feita, muitas vezes, segundo uma velocidade e minuciosidade que obedecem mais aos dinheiros pagos por cada unidade de serviços consumida do que à gravidade das lesões apresentadas (Friori, em Guimarães, org., 1984: 26).

Sinpas — Sistema Nacional de Previdência e Assistência Social

Em meio a acirradas discussões, mas tendo uma quase unanimidade no que se refere a seu aspecto "unificador", a Lei nº 6.439 é decretada pelo Congresso Nacional e sancionada pelo presidente da República, em 1º de setembro de 1977, instituindo o Sinpas.

Interessa-nos observar as mudanças no sistema, que se encontram explicitadas no Título I, artigos 1º ao 4º, como se segue:

Art. 1º Fica instituído o Sistema Nacional de Previdência e Assistência Social — Sinpas, sob a orientação, coordenação e controle do Ministério da Previdência e Assistência Social—MPAS, com a finalidade de integrar as seguintes funções atribuídas às entidades referidas nessa lei:

I — concessão e manutenção de benefícios e prestação de serviços;
II — custeio de atividades e programas;
III — gestão administrativa, financeira e patrimonial.

Art. 2º São mantidos, com o respectivo custeio, na forma da legislação própria, os regimes de benefícios e serviços dos trabalhadores urbanos e rurais, e dos funcionários públicos civis da União, atualmente a cargo do Instituto Nacional de Previdência Social — INPS, do Fundo de Assistência ao Trabalhador Rural — Funrural e do Instituto de Previdência e Assistência dos Servidores do Estado — Ipase.

Art. 3º Ficam criadas as seguintes autarquias vinculadas ao MPAS:

I — Instituto Nacional de Assistência Médica da Previdência Social — Inamps;
II — Instituto de Administração Financeira da Previdência e Assistência Social — Iapas.

Art. 4º Integram o Sinpas as seguintes entidades:

I — Instituto Nacional de Previdência Social — INPS;
II — Instituto Nacional de Assistência Médica da Previdência Social — Inamps;
III — Fundação Legião Brasileira de Assistência — LBA;
IV — Empresa de Processamento de Dados da Previdência Social — Dataprev;
V — Instituto de Administração Financeira da Previdência e Assistência Social — Iapas.

§ 1º Integra, também, o Sinpas, na condição de órgão autônomo da estrutura do MPAS, a Central de Medicamentos — Ceme (Brasil. Ministério da Previdência e Assistência Social, 1977: 3-4).

Podemos entender que a Lei nº 6.439 determina:

a) a absorção do INPS, constituída de seis Institutos — IAPI (Instituto de Aposentadoria e Pensões dos Industriários), IAPC (Instituto de Aposentadoria e Pensões dos Empregados de Transportes e Cargas), IAPM (Instituto de Aposentadoria e Pensões dos Marítimos), IAPB (Instituto de Aposentadoria e Pensões dos Bancários), IAPFESP (Instituto de Aposentadoria e Pensões dos Ferroviários e Empregados em Serviços Públicos), pelo Sinpas;
b) o Funrural e o Ipase perdem sua autonomia, sendo também absorvidos pelo Sinpas;
c) as seguintes entidades passam a integrar o Sinpas: INPS, Inamps, LBA, Funabem (Fundação Nacional do Bem-Estar do Menor), Dataprev e Iapas;
d) novas autarquias, vinculadas ao MPAS, são criadas: Inamps e Iapas;
e) a Ceme é integrada no Sinpas, na condição de órgão autônomo, vinculado ao MPAS;
f) encontram-se na mesma situação os órgãos: FLPS — Fundo de Liquidez da Previdência Social, FPAS — Fundo de Previdência e Assistência Social e CRPS — Conselho de Recursos da Previdência Social.

As entidades do Sistema Nacional de Previdência e Assistência Social recebem suas atribuições no Título II da referida lei, que podem ser assim sintetizadas:

a) ao INPS caberão a concessão e a manutenção, de um lado, dos benefícios e outras prestações em dinheiro, de outro, os serviços especificados pelos seguintes programas — de previdência social urbana; de previdência social dos servidores do Estado; de previdência social rural; de amparo financeiro a idosos e inválidos, isto é, de assistência complementar, de caráter reeducativo e de readaptação profissional dessas pessoas;
b) o Inamps, que é criado pela lei, terá a seu cargo as entidades que integram o sistema;
c) a LBA, de âmbito nacional, passará a intensificar suas atividades assistenciais e englobará todas as similares que, até então, eram prestadas pelas demais entidades (já que as mesmas passam a compor o sistema);
d) à Funabem competirá a execução da política nacional de bem-estar do menor;
e) a Dataprev, criada pela Lei nº 6.125/74, terá como atribuição o processamento de dados de todo o sistema, podendo, também, prestar serviços a terceiros;
f) ao Iapas caberão a arrecadação, a fiscalização e a cobrança das contribuições previdenciárias, assim como a atividade de gerir as dotações orçamentárias e demais receitas de todas as entidades integradas no sistema.

Esquematicamente, o sistema assim se apresenta:

FIGURA 1
Sistema Nacional de Previdência e Assistência

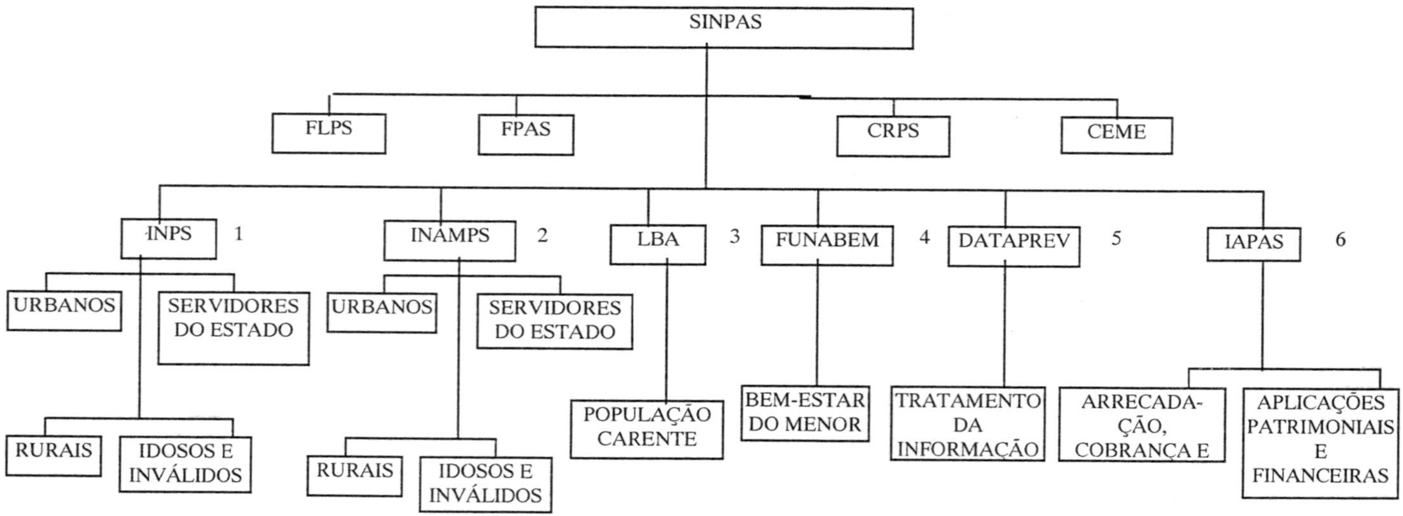

Características: 1 – Previdência Social, 2 – Assistência Médica, 3 – Assistência Social, 4 – Assistência ao Menor, 5 – Procedimentos de Dados e 6 – Gestão Administrativa, Financeira e Patrimonial.

No bojo das manifestações que saúdam o aspecto "unificador", "uniformizante" e "racional"do novo sistema, salientamos as considerações da Comissão Mista do Congresso Nacional, a quem coube examinar e emitir parecer sobre a Lei nº 6.439 (ainda sob a forma de Projeto de Lei nº 11, de 1977-CN), na colocação de seu relator, senador Henrique de La Roque, e as interpretações do ministro Nascimento e Silva, especificadas em sua Mensagem (nº 66, de 1977) dirigida ao Congresso Nacional.

A racionalização obtida pela criação do INPS, em 1966, considerada a "maior reforma administrativa de que se tem notícia no Brasil", perdeu parte do seu significado, ao deixar-se ultrapassar pelo imprevisível crescimento da assistência médica na previdência social, que se constitui em "área crítica", em função de o enorme aumento de sua demanda não ter sido acompanhado de um desempenho paralelo, pela "insuficiência das dotações orçamentárias e da *medicina preventiva*". Em conseqüência, o projeto de lei em exame apresenta, como "intenção primeira, uma adequação à realidade da até então política de execução de serviços médicos seguida pela previdência social", por intermédio da "*unificação* daqueles oferecidos, até então, por *unidades diversas*", como o INPS, o Funrural, a Funabem, etc. Ora, a primeira reforma (a de 1966 — INPS) encontra-se diluída em decorrência dos encargos aumentados sucessivamente — por exemplo, com a filiação dos empregados domésticos (1972), dos auxiliares de condutor autônomo de veículos rodoviários (1973), com a instituição do amparo aos idosos e inválidos (Lei nº 6.179/74), com a inclusão, entre as prestações previdenciárias, do salário-maternidade (Lei nº 6.136/75), assim como dos acidentes de trabalho no Funrural (Lei nº 6.260/75). Com a nova reorganização, espera-se o "crescimento da responsabilidade da rede previdenciária", no duplo aspecto do "aumento numérico de beneficiários" e, principalmente, "perseguindo a meta da universalização" (grifos nossos, sobre texto de La Roque, em Brasil, Ministério da Previdência e Assistência Social, 1977: 17-18).

Para o ministro Nascimento e Silva, é chegado o momento de "se alterar o campo de atuação do sistema", não no que diz respeito apenas à clientela a ser atendida (que deve expandir-se), mas à "natureza das atividades a desenvolver". Estas têm de ser relacionadas, fazendo com que a execução dos serviços se uniformize, operando, cada entidade, por meio de programas específicos, geridos, controlados e executados de acordo com seus objetivos.

> Se a Revolução de 1964 marcou, de fato, o início de nova era para a Previdência Social, até então verdadeiro aglomerado de instituições cheias de problemas e incapazes de resolvê-los, em virtude de se mostrarem inadequadamente estruturadas, geridas sem objetivos definidos e cerceadas por uma burocracia sufocante, a unificação nos moldes do proposto no projeto de lei em discussão institui um sistema específico destinado a integrar as atividades de Previdência Social, de assistência médica da previdência social, de assistência social e de gestão administrativa, financeira e patrimonial, com a criação de um fundo próprio, de natureza contábil, formado pelas receitas das entidades que integram o referido sistema.

No que se refere ao INPS, as atividades de assistência médica, "altamente complexas, porém importantes para os beneficiários", passaram, nos últimos anos, a absorver a atenção da presidência do órgão, com prejuízo, até, para "as demais atividades abrangidas por aquele instituto, o que punha em risco o seu conceito, penhor de êxito no desempenho da entidade". Assim, se a assistência médica foi caracterizada por um excepcional e espantoso desenvolvimento, cuja proporção superou de muito o aumento dos segurados, "esse, por sua vez, ultrapassa a casa de um milhão a mais por ano", o que vem a prejudicar "o atendimento médico dos beneficiários, originando o problema que o atual governo teve de enfrentar e a que se empenhou em dar solução, embora com grande exigüidade de recursos, dada a premência das medidas a serem adotadas" (Nascimento e Silva, em Brasil, Ministério da Previdência e Assistência Social, 1977: 162-163).

O Sinpas na ótica dos profissionais de saúde

O Sinpas, nascido entre anseios e desejos de reformulação de um atendimento, tanto da saúde pública como da individual, sob todos os aspectos deficiente, e recebido com vastas esperanças de solução paulatina da problemática, permaneceu durante pouco tempo como um modelo "festejado", apesar de seu inegável caráter de "correlação", e não "sobre" ou por "superposição" dos objetivos da "Saúde" e da "Previdência". Um exame dos posicionamentos de grande parte dos profissionais da saúde, assim como de administradores do setor, permite sentir o lento desencanto diante da concretização de "mudanças profundas e racionais" prometidas pelo projeto.

O cenário nacional em que a própria mudança é requerida coincide com o fim do denominado "milagre brasileiro": se, no início da década de 1970, o crescimento do produto real alcança o patamar de aproximadamente 8,5% ao ano — em contraposição ao crescimento médio de 5,7% entre 1951 e 1960, e da ordem de 5,8% entre 1961 e 1970 —, em 1974 as taxas iniciam sua descida, juntamente com aquelas de emprego; é o momento em que se concebe e se elabora o II Plano Nacional de Desenvolvimento, aparecendo, pela primeira vez,

> a política social com objetivo próprio, ficando patente que seu atrelamento à política econômica não havia conduzido aos resultados esperados. O Brasil não havia conseguido ser um país rico, e as distorções aparecem com mais nitidez. Nas grandes cidades, os problemas agigantavam-se, e no campo eles se agravavam (Brasil, Conselho Federal de Enfermagem, 1985: I 27).

Assim, em 1976, as críticas às mudanças implantadas no "pós-67" tornam-se concludentes e clamam por novas alterações.

Antes mesmo da modificação que daria origem ao Sinpas, o setor de saúde passa a enfatizar, em detrimento de uma política de hospitalização, pela utilização e compra de serviços médicos privados pelo INPS — tal como vinha se acentuando desde os finais da década de 1960 —, as ações básicas de saúde e a organização dos serviços, em níveis menores de complexidade. Propõe-se que a nova estrutura dê destaque ao emprego, nos serviços de saúde, de equipes multidisciplinares.

Para Médici (1985: 6),

> as políticas de emprego e recursos humanos em saúde passam a privilegiar, a partir de 1976, a formação e a capacitação de pes-

> soal de nível técnico e auxiliar, sem qualificação superior, voltadas para atender às necessidades da rede ambulatorial, e não mais dos aparelhos hospitalares públicos e privados, que haviam absorvido o maior quinhão dos recursos humanos em saúde, nos anos anteriores. Aumenta o número de trabalhos interministeriais sobre a relação entre capacitação de recursos humanos em saúde e reais necessidade da população brasileira, no campo médico-assistencial. Com relação aos profissionais de nível superior, tais documentos frisam a necessidade de formar mais generalistas, dado que a formação de especialistas, tal como vinha ocorrendo, desde finais dos anos de 1960, não estava adequada ao perfil epidemiológico da população brasileira.

Ao mesmo tempo em que se define a base da composição dos recursos humanos, a idéia de uma política social de saúde passou a dar preferência a programas setoriais. Iniciado em 1976, reforçado pela modificação que cria o Sinpas, e estendido posteriormente (pelo menos tentado) a todo o país (1979), um exemplo é o Programa de Interiorização das Ações de Saúde e Saneamento no Nordeste (PIASS): o objetivo é a implantação de uma estrutura básica de saúde pública, em comunidade de até vinte mil habitantes, como tentativa de melhoria do nível de saúde da população em geral. Porém, não há como fugir do fato de que tal política volta a reforçar os laços do setor público com o privado. Segundo Souza (1980: 83),

> a concepção do PIASS como primeiro estágio de um sistema nacional de saúde, em uma dada região, implica a necessidade de integração sistêmica das várias instituições prestadoras de serviço de saúde.

Entretanto, hoje, como ontem, a "*assinatura de convênios com o Inamps constitui-se num passo decisivo para a consolidação do programa*" (grifo nosso).

A crítica mais contundente refere-se à existência de um descompasso entre o planejamento global e as estruturas setoriais de planejamento, assim como à existência crise econômica do país aliada à desestruturação dos serviços de saúde, para afirmar que, apesar dos esforços oficiais, tais iniciativas esbarram, *após a reestruturação vinda com a criação do Sinpas*, nos mesmos problemas do velho INPS: burocratização exagerada, crescimento do setor privado, por meio dos convênios, e pressão do mesmo, quando a política pretendida não atingia seus interesses.

Dentro do Ministério da Previdência, procura-se separar a assistência médica dos serviços de administração. Nessa "tentativa de concentrar esforços, são redefinidas as atribuições do INPS, da LBA e da Funabem, enquanto as atividades médico-assistenciais do Ipase e do Funrural são incorporadas ao Inamps". Entretanto, com essa atuação, em pouco tempo "vão se configurando verdadeiros 'anéis burocráticos'entre os Ministérios da Saúde e Previdência Social", sendo a saída para esse problema a dependência do primeiro, cada vez mais acentuada, como comprador de serviços, do capital privado, mais ágil e eficiente. A modificação ocorrida com a implantação do Sinpas não altera o fato de a organização e o funcionamento do setor de saúde no Brasil encontrarem-se

> montados em cima de um complexo médico-assistencial no qual é nítida a hegemonia do setor privado na produção de serviços. Vale dizer que 75% dos leitos em utilização no país pertencem a estabelecimentos médico-hospitalares particulares. Por outro lado, os gastos com saúde provêm, em sua maioria, do setor público, que, por meio de uma rede de credenciamentos, contratos e convênios do Inamps, mantém a lucratividade do complexo médico-hospitalar privado.

Por sua vez, planos são formulados para universalizar as ações de saúde, atendendo não somente à massa de trabalhadores (e suas famílias) providos formalmente de uma carteira de trabalho assinada, mas a todos os necessitados, dentre a população brasileira. Como exemplo, podemos citar o abandono do Programa Nacional de Serviços Básicos de Saúde, o Prev-Saúde. Sua proposta visava estender os cuidados primários com a saúde a cerca de 90% dos habitantes do país, por meio da

> articulação de um sistema constituído pelo setor estatal, em diferentes níveis. Preconizava reorganizar o setor público de saúde; estimular a participação da comunidade no processo de saúde; criar

> oportunidades de emprego na área de saúde; treinar profissionais deste setor; e integrar suas ações, a fim de que não houvesse dispersão e perda de esforços. Como a proposta desse plano ia de encontro aos interesses da empresa médica de caráter privado, logo surgem pressões do capital sobre o Estado.

Assim, após muita discussão e numerosas emendas, o "plano é, definitivamente, posto de lado" (Brasil, Conselho Federal de Enfermagem, 1985: I 29).

Finalizemos com o julgamento do sistema, dez anos depois, pelo secretário-geral do Ministério da Saúde, José Alberto Hermógenes de Souza, em sua intervenção na VIII Conferência de Saúde:

> (...) resumiríamos as características do sistema de saúde, organizado com base em premissas distorcidas pela lógica da lucratividade, nos seguintes pontos: ações dicotomizadas em função da fase da história natural da doença; predominância da assistência médico-hospitalar e de tecnologias de alto custo. (...) Esse sistema apresenta ainda: multiplicidade de órgãos nas diversas esferas de governo, com insatisfatório grau de integração programática e operacional; execessiva centralização política e financeira no nível federal de governo; dependência externa quanto à produção de insumos básicos, vacinas, medicamentos e equipamentos; questões referentes ao saneamento básico conduzidas sob a ótica empresarial e bancária ... (VIII Conferência Nacional de Saúde, 1987: 143).

Discussões sobre o Sistema "Unificado" de Saúde — SUS — e as Ações Integradas de Saúde

Uma vez assente, já no início dos anos de 1980, que as modificações trazidas pela criação do Sinpas resvalaram, lentamente, na direção dos problemas mais agudos sentidos pelo antigo INPS, era necessário discutir o que havia de problemático e aquilo que se podia alterar.

Em primeiro lugar, a situação paradoxal em que se encontrava o Estado: em razão da crescente acumulação de capital nas atividades do setor de saúde, ele conseguiu criar um complexo aparelho de serviços, mas este, controlado pelos "anéis burocráticos", é conduzido à situação em que aparece como comprador de serviços particulares, em lugar de ofercê-los; a partir daí, capital e Estado aliam-se, e, no setor de saúde, as instituições passam a operar dentro de um quadro empresarial, "compatível com o desempenho do processo de desenvolvimento capitalista".

Na relação entre a própria medicina e o capitalismo, surge outro fator: em vez de um trabalho, nos moldes de algo "individual, artesanal e autonômo", como pode ser descrita a atividade médica, realizada de acordo com os padrões liberais, passa a predominar um "trabalho coletivo", em que a ocupação do médico, assim como de outros profissionais da saúde, se torna um labor cada vez mais parcializado, definido pela equipe médica "sob a forma de normas ou condutas" e, do ponto de vista da eficiência e da produtividade, racionalizado

> por um corpo administrativo, composto por médicos, enfermeiros ou simples administradores. O trabalho passa a depender cada vez menos da habilidade artesanal de cada um dos elementos que o compõem e cada vez mais da produção, caracterizando-se por uma dependência crescente em torno de uma diversificação técnica (Possas, 1981: 292).

Em conseqüência, fortes barreiras, formadas pelas pressões corporativas do segmento médico-empresarial privado, têm dificultado a tentativa de universalizar e transmitir maior eqüidade na prestação de serviços de saúde. A razão repousa no fato de que a universalização requereria um quadro em que serviços médicos fossem oferecidos por estabelecimentos de menor complexidade, como seriam os postos de saúde, por exemplo, o que é "incompatível com a estrutura montada nos estabelecimentos particulares, cuja tônica repousa em serviços mais complexos e mais caros". Apenas a rede pública poderia oferecer tais serviços mais simplificados, desde que, em primeiro lugar, atuasse de forma descentralizada nas esferas locais — com Secretarias Estaduais e Municipais de Saúde — e, em segundo, empregasse equipes interdisciplinares, em serviços mais "compatíveis com o quadro nosológico da população brasileira, em especial, daquela desprovida de acesso aos serviços previdenciários" (Brasil, Conselho Federal de Enfermagem, 1985: I 30).

A favor de uma mudança adequada, muitas vozes se levantaram, já em 1980, ocasião em que a VII Conferência Nacional da Saúde, por exemplo, apresenta como tônica as sugestões de descentralização, municipalização, criação das denominadas "Ações Integradas de Saúde", tratamento preferencial ao atendimento primário, etc. Essas linhas de pensamento aprofundam-se em 1986, por ocasião da VIII Conferência, na qual o tema "Reformulação do Sistema Nacional de Saúde" merece destaque, com seus subtemas "Ações Integradas de Saúde" e "Sistema Unificado de Saúde". Vejamos as opiniões de dois conferencistas, Adib Domingos Jatene, membro da Comissão do Ensino Médico do Ministério da Educação, e José Alberto Hemógenes de Souza, secretário-geral do Ministério da Saúde.

Para Jatene (VIII Conferência Nacional de Saúde, 1987: 129), a expansão dos serviços básicos de saúde em áreas metropolitanas deve acatar uma série de premissas, ou seja:

> 1º) Cada grupo populacional, cuja dimensão deveria estar de acordo com a densidade da população, vias de acesso, etc., deveria dispor de uma unidade sanitária em condições de ser responsável não só pela prevenção primária, mas também pela atenção primária, funcionando como porta de entrada de um sistema integrado de saúde.
>
> 2º) Os serviços de saúde deveriam ser permanentes e acompanhar o crescimento da população, localizando-se de forma tal que pudessem ser atingidos com facilidade, vale dizer, para a maioria da população a pé.
>
> 3º) Cada grupo de unidades deveria contar com a retaguarda de um hospital local.
>
> 4º) Essa rede básica deveria relacionar-se com as unidades mais complexas, geralmente hospitais já existentes.

Por sua vez, Souza (VIII Conferência Nacional de Saúde, 1987: 143-144) resume as condições que considera fundamentais para que o previsto Sistema Unificado de Saúde garanta a universalização e a eqüidade do atendimento à saúde, dentro do lema *a saúde é um direito de todos e um dever do Estado*:

1º) O Sistema Unificado de Saúde implica um comando único para a condução da Política Nacional de Saúde. Esse comando único, na fase de transição, poderia situar-se num organismo colegiado que incluísse representações dos órgãos federais com a atuação nos campos social e econômico, além de representações da sociedade civil organizada.

2º) O Sistema Unificado de Saúde deve assegurar autonomia política, administrativa e financeira aos estados e municípios, definindo-se as responsabilidades por nível de governo.

3º) O Sistema Unificado de Saúde deve ser organizado com a base epidemiológica e ter prioridades claramente definidas em função das necessidades locais e regionais.

4º) O Sistema Unificado de Saúde deve ter suporte financeiro estável, com recursos predominantemente provenientes de impostos e integrados em um fundo único por cada nível de governo.

5º) É indispensável que a reforma fiscal e tributária, que esperamos que a Constituinte venha promover, tenha em conta também as nossas propostas de reforma sanitária.

6º) O Sistema Unificado de Saúde deve ser coerente com a integralidade da atenção à saúde, eliminando-se as dicotomias existentes.

7º) Na Política Nacional de Saúde, devem estar inseridas as questões relativas aos agravos à saúde pelas condições do trabalho, bem como a política do meio ambiente e de saneamento básico.

8º) O Sistema Unificado de Saúde deve estruturar-se com base nos conceitos de descentralização, regionalização e hierarquização — só centralizar o que realmente não for possível descentralizar.

9º) O Sistema Unificado de Saúde deve estabelecer novos mecanismos de relação com o setor privado que se situe com características de gestão pública.

10º) O Sistema Unificado de Saúde exige nova política de recursos humanos, na qual se inserem o tempo integral e o estímulo à dedicação exclusiva.

11º) O Sistema Unificado de Saúde deve estabelecer mecanismos de participação da população organizada, na definição das prioridades, no acompanhamento da execução das ações programadas e na aplicação dos recursos alocados em todos os níveis.

Do exposto, podemos concluir que um sistema de saúde unificado só é possível na medida em que a superposição, a dualidade de serviços, as diferentes fontes de recursos e a priorização do tratamento hospitalar, em detrimento de ações primárias no setor de saúde da população em geral, deixarem de ser entraves, cedendo lugar às denominadas Ações Integradas de Saúde, com suas características precisas: adequada alocação de recursos, primazia de uma infra-estrutura de atendimento local e primário conferido pelo poder público, e relação apropriada com os serviços médico-hospitalares privados, mais complexos e de custo mais elevado.

SUS — Sistema Único de Saúde

Em 19 de setembro de 1990, o então recém-empossado presidente da República, Fernando Collor, sancionou a Lei de nº 8.080, decretada pelo Congresso Nacional, que cria o Sistema Único de Saúde. É muito cedo para verificar as reais possibilidades das novas disposições, mas seu caráter principal é propiciar a implementação:

a) do *Princípio da hierarquização dos serviços em escala de complexidade crescente*. Duas idéias principais envolvem a operacionalização do princípio: 1) a de que a porta de entrada do sistema deve situar-se nas unidades mais simples (por exemplo, postos de saúde), onde cerca de 80% dos casos podem ser resolvidos; e, em conseqüência, 2) a melhor relação custo/ benefício pode ser obtida quando houver uma correpondência entre a complexidade das ações a serem executadas e a complexidade dos recursos e processos utilizados para realizá-las, ou seja, a demanda das ações simples de saúde não deve ser atendida pelo emprego de recursos complexos. As críticas mais imediatas a esse modo de execução também decorrem, e os equipamentos sofisticados normalmente geram produtos mais baratos e eficientes (por exemplo, seringas descartáveis, adesivos de última geração para suturas); 3) que a decisão sobre as tecnologias e/ou recursos mais adequados a cada caso deve ser tomada, com competência, por pessoal qualificado, do qual as unidades mais simples são carentes; a decisão errada pode prolongar ou agravar o caminho do paciente pelo sistema, gerando deseconomia e prejuízo à saúde do paciente;

b) do *Princípio da regionalização dos serviços e da descentralização das decisões.* Aplica-se, aqui, uma idéia simples, mas radical: todas as ações que são de âmbito ou de abrangência municipal passam a ser de dependência político-administrativa do governo municipal; as que dizem respeito a vários municípios, a uma região de um estado ou ao estado como um todo são de dependência político-administrativa do governo estadual; finalmente, as que se referem ao âmbito nacional são de responsabilidade do governo federal. Isso significa que, se realmente cada esfera tiver sua atuação, pouco deve ser alçado ao nível federal, colocando-se praticamente o sistema de "ponta-cabeça". As objeções mais pertinentes referem-se a três aspectos: 1) se, de fato, se busca que em cada esfera haja uma instância unificada de comando, não pode haver pluralidade de instituições, formulando e controlando a execução da política, e isso será de difícil implementação em decorrência de 2) a localização do poder de decisão, assim formulado, não é de natureza técnica, mas sim política. A conseqüência "é que a descentralização só acontecerá — se houver — antes por razões técnicas (aumento da eficiência)"; 3) em nosso país, a implementação da regionalização nesse setor significa a "criação de níveis de decisão entre as unidades de produção e os centros de decisão, aumentando a cadeia burocrática e dificultando mais o funcionamento das unidades de produção de serviços, pela morosidade da tomada de decisões", sendo que tal característica ocorre, principalmente, "por resistências políticas à transferência do poder para a periferia" (Machado, *Saúde em Debate*, mar. 1991: 32-33).

c) do *Princípio da integração setorial.* Este princípio condena a dispersão de recursos públicos, pulverizados pela aplicação por múltiplas instituições (quer públicas, quer privadas), cujos objetivos não aparecem sempre como complementares, apresentando-se, até, contraditórios, e que atuam de forma competitiva. A lógica, por trás desse sistema, é praticamente linear: "baseia-se na implantação de uma competição entre os produtores pelos recursos do pagador, indiscriminadamente, e em uma luta pela produção de procedimentos de custos controláveis e rentáveis". Ora, isso pode acarretar uma distorção, pois o sistema

> favorece os produtores que melhor maximizarem seus lucros por meio de uma alta produtividade e de um barateamento dos lucros, por meio de uma alta produtividade e de um barateamento dos atos globais, e convida o setor público a entrar com esse tipo de parâmetro para sua organização tecno-assistencial (Merhy, *Saúde em Debate*, jun. 1991: 17), o que, evidentemente, ainda é impossível.

d) do *Princípio da participação social e de respeito à cidadania universal*. Apresenta-se, aqui, uma primeira idéia, de que o controle do sistema social em geral se faz também por intermédio da comunidade, que torna possível a definição das verdadeiras necessidades, melhora a procura de soluções e avalia os resultados. No caso concreto, dever-se-iam desenvolver mecanismos que viabilizassem essa participação, mediante a criação de conselhos de saúde,

> que tenham uma representação paritária ou tripartite, quer dizer, que tenham participação de prestadores de serviços, de usuários do governo, e que tenham poder deliberativo, ou seja, um poder que possa, de fato, influenciar na formulação da política e controlar a execução dessa política (Rodrigues Neto, *Divulgação em Saúde para Debate*, jun. 1991: 37).

Quanto à segunda, nada mais é do que o postulado acesso universal e gratuito aos serviços de saúde. Ao dar sua voz a determinadas críticas, Machado (*Saúde em Debate*, mar. 1991: 33) também se reporta às características sociais:

> Não devemos esquecer que, historicamente, as formas de participação popular, já consagradas, têm tido papel muito mais importante para legitimar os governos dos grupos dominantes que

para possibilitar o exercício de poder pelos dominados (...), e que a inscrição, como direito, das postulações dos grupos dominados não garante seu atendimento, muito embora o fato dê legitimidade e legalidade a lutas políticas para que tal aconteça.

e) do *Princípio do financiamento setorial*. Preconiza a necessidade de aumentar os recursos financeiros destinados à saúde, paralelamente a uma utilização mais coerente e correta desses. O ponto mais polêmico do SUS, segundo uma quase unanimidade dos críticos, encontra-se aí. A esse respeito, veja-se a entrevista concedida pela professora Dra. Lia Lusitana Cardozo de Castro.

Capítulo 2

As instituições de saúde e o ambulatório

A teoria sistêmica e o sistema de saúde

Considerar que um sistema de saúde inicia e termina com os cuidados preventivos e, principalmente, curativos relativos ao binômio saúde-doença é encarar a problemática da organização social humana, com seus complexos relacionamentos, interações e interdependências com o meio ambiente, com as instituições, com os grupos, com os indivíduos e seu mundo psíquico, como se fora uma "unidade", da qual se abstrai uma "função", como objeto de estudo. Tal simplificação compromete tanto a abordagem como a característica do que se pretende analisar. É por esse motivo que optamos por iniciar a observação do sistema de saúde (e suas instituições) a partir da teoria sistêmica, cujos pressupostos são a seguir suscintamente expostos.

Teoria dos sistemas e suas características

Para a maioria dos estudiosos, a teoria dos sistemas propicia o arcabouço ou o esqueleto para toda ciência (física, biológica, humana ou suas interpelações), cabendo às várias disciplinas (ou às áreas interdisciplinares) prover modelos variáveis para a compreensão dos fenômenos em seus próprios níveis de análise (Katz, Kahn, 1970: 46). Na concepção de um sistema, são abrangidos todos os níveis — material, sociocultural e psicológico —, dando ênfase a seu funcionamento, tomando de empréstimo termos desenvolvidos pela cibernética: *inputs* (insumos), transformação operada no interior do sistema (caixa-preta), *outputs* (produtos) e *feedback* (retroalimentação); em outras palavras, um sistema é aberto ao meio exterior, recebendo *inputs* que exercem influência, são modificados, transformados, utilizados com maior ou menor eficiência e eficácia nos processos internos do sistema, que devolve ao meio os *outputs*, sendo então julgados pelo desempenho no ambiente interno e pelos resultados observados do ponto de vista do ambiente externo.

Segundo Churchman (1972: 50-51), o sistema é um conjunto de partes iguais (ou diferenciadas), coordenadas para realizar um conjunto de finalidades, apresentando:

a) objetivos totais: métodos de rendimento do sistema como um todo. Eles são reais, mas a característica de legítimos será decorrente da "moralidade" que os caracteriza, num julgamento de valor da sociedade/instituição/grupo, cujos interesses representa, afeta ou altera;
b) recursos do sistema: consideramos apenas os que nele se encontram, sendo utilizados para desempenhar suas tarefas; são os reservatórios gerais em que as ações específicas do sistema se formam;
c) ambiente do sistema: representa tudo que se encontra fora do sistema e que para o qual pode significar *inputs*, ser indiferente, hostil ou exercer coação (real ou com base em expectativas). Estar "fora" do sistema significa que são autônomos em relação a ele, que: 1) pouco podem fazer a respeito de suas caracteríticas ou do seu comportamento, pois encontram-se fora do controle do sistema; 2) obtêm desse ambiente os elementos essenciais para dinamizar seus recursos (internos) e modificar sua atuação; 3) colocam nele seus *outputs*, razão de seu funcionamento, exercendo influência nesse ambiente; 4) recebem um *feedback* em relação a sua atuação, o que pode modificar seus processos. Portanto, o ambiente é algo que pode determinar, em parte, o funcionamento do sistema;

d) componentes do sistema: elementos de ação específica, cujo desempenho é, em certo grau (à exceção de sua coordenação e inter-relação), o mais independente possível do desempenho das outras partes. A divisão do sistema em componentes oferece os mais variados tipos de informações necessárias, tais como seu comportamento, sua atividade, medida de sua eficiência e eficácia, a influência do *feedback*, etc.;
e) administração do sistema: definição dos planos (planejamento), desde a finalidade até o ambiente interno, a utilização dos meios e seus componentes; determina a alocação de recursos e controla o rendimento do sistema, por intermédio de um comportamento lógico de avaliação, exame e reexame constantes. Na administração do sistema, uma das maiores dificuldades reside na diferenciação de *objetivo*, *eficácia* e *finalidade*. Como exemplo podemos citar um ambulatório, cujo "fluxo" de indivíduos, com máximo de "cura" (resultados positivos/mortalidade), com custos adequados, é a medida real de rendimento, mas cuja finalidade é colaborar com programas de educação sanitária (aspecto preventivo), a fim de diminuir, o "fluxo" e o "refluxo" de indivíduos, cujo problema, merecedor de recursos curativos (razão de sua presença), deriva de condições externas, *passíveis de serem alteradas pelo sistema* (objetivo).

Na concepção de Parsons (*apud* Blau, Scott, 1970: 52), todos os sistemas em que intervenha o elemento humano devem resolver quatro problemas básicos:

a) adaptação — a acomodação do sistema às exigências reais do ambiente, junto com a transformação ativa da situação externa;
b) conquista de objetivos — a definição dos objetivos e a mobilização de recursos para atingi-los;
c) integração — estabelecer e organizar as relações entre as unidades (componentes) do sistema, coordenando-as e unificando-as em uma só entidade;
d) latência — a manutenção dos padrões motivacionais e culturais do sistema.

Em princípio, os elementos (unidades, componentes) constitutivos de um sistema podem ser de qualquer tipo, desde indivíduos ou grupos, passando por "ambientes" físicos ou orgânicos, até objetos e funções, ressalvada a necessidade de haver entre eles uma ordem, uma interdependência, um caráter relacional. Assim, sob o ângulo metodológico, um sistema comporta:

a) uma identificação dos elementos que o compõem (conjuntos de unidade ou objetos);
b) uma especificação das características ou das propriedades dos elementos, em relação às quais os estados do sistema podem ser descritos;
c) uma especificação das regras ou das leis que regem as interações dos elementos ou de suas propriedades, assim como a sucessão dos estados dos sistemas (Rudner, *apud* Lakatos, 1990: 154).

Finalmente, a estrutura de um sistema social (como é o caso das instituições que formam o sistema de saúde) inclui:

a) subgrupos de vários tipos, com diferentes aptidões e diversas possibilidades de contribuição para o funcionamento do todo;
b) funções de vários tipos, tanto dentro dos subgrupos quanto do sistema como um todo, podendo ser extensivas a um sistema maior. Cada conjunto de funções encontra-se ligado a outros por meio de normas relacionais;
c) normas técnicas e/ou sociais, de caráter regulador, que governam os subgrupos e as funções;
d) valores culturais (internos e externos).

O sistema de saúde e o ambiente (externo)

Iniciemos a análise do que se compreende como sistema geral de saúde pela própria definição de saúde dada pela Organização Mundial de Saúde (OMS): "completo bem-estar físico, mental e social e não meramente a ausência de doença". Se muitas críticas se fizeram a essa conceituação, por apresentar-se tão ampla que pode ser considerada "inatingível", a verdade é que se torna desejável para um sistema de saúde em que a atenção médico-hospitalar deve constituir-se apenas em uma pequena "parcela" do todo. Mais ainda, a questão do "bem-estar" deve expandir-se, abarcando casos em que uma real "deficiência" ou "supressão" ou "diminuição" de uma função pode ser minimizada, adaptando-se o indivíduo a uma vida de relativo "bem-estar", apesar do problema, a despeito de uma doença "crônica" (sem cura global ou reconquista da situação anterior) ou, até, em caso de um mal incurável, quando se deve preparar o indíviduo para a realidade da morte. É dessa maneira que Blum (*apud* Schulz, Johnson, 1979: 4) sugere um sentido mais amplo para a definição de saúde, "estado de ótima adaptação física, mental e social do indivíduo com o meio", da mesma forma que propõe objetivos específicos para um sistema de saúde que atenda a tal conceito:

- prolongamento da vida por meio da prevenção da morte prematura;
- minimização das alterações fisiológicas ou funcionais ótimas (o padrão "ótimo" precisando ser definido);
- minimização do desconforto (doença);
- minimização da incapacidade;
- promoção do alto nível de estar bem ou auto-satisfação (satisfação interna);
- promoção do alto nível de satisfação com o meio ambiente (satisfação externa);
- extensão da resistência à má saúde e criação da capacidade de reserva (saúde positiva);
- aumento da capacidade para o subprivilegiado participar em assuntos de saúde.

Visto desse modo, o sistema de saúde insere-se no todo maior da sociedade, do espaço geográfico e sociocultural em que esta se encontra, assim como dos padrões de comportamento e saúde mental que desenvolve. Esquematicamente, Blum apresenta o panorama de saúde em que quatro fatores atuam como *inputs* à saúde física (somática) e psicossocial (mental e emocional), ou seja, ao "bem-estar": o meio, em seu sentido mais amplo, a hereditariedade, o comportamento e os serviços de atenção à saúde. Por sua vez, cada um desses quatro fatores interage entre si, afetando e sendo afetados uns pelos outros, por meio do equilíbrio ecológico, dos recursos naturais, das características populacionais, dos sistemas socioculturais e da saúde mental. Uma adaptação do esquema de Blum aparece na Figura 2.

FIGURA 2
***Inputs* à saúde**

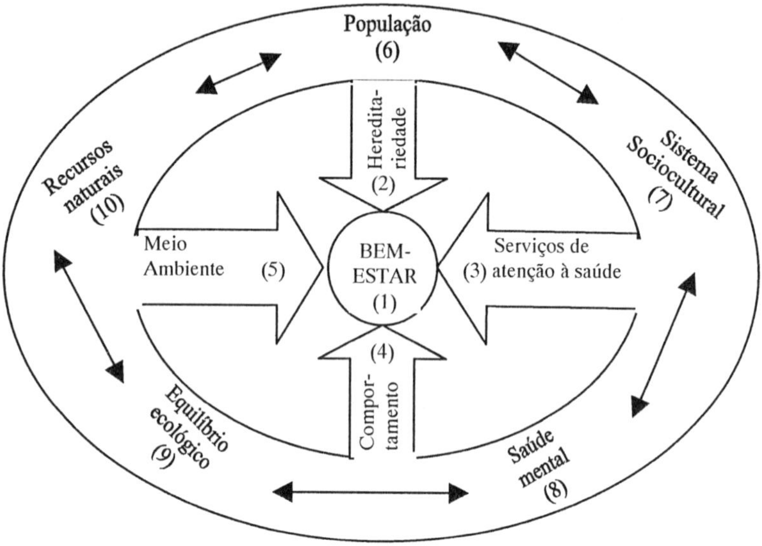

Fonte: Adaptado de Blum, *apud* Schulz, Johnson, 1979: 5

(1) Saúde Somática e Psicossocial
(2) Herança Genética
(3) Saúde Comunitária, Promoção, Prevenção, Cura, Reabilitação
(4) Padrões de Comportamento, Costumes, Usos, Hábitos, etc.
(5) Físico (natural e transformado ou feito pelo homem), Sócio-Cultural-Político, Educacional, Ocupacional, Econômico, etc.
(6) Tamanho, Distribuição, Taxa de Crescimento, *Pool* Genético, etc.
(7) Determinação das Relações Sociais com o Meio Ambiente, etc.
(8) Satisfação Emocional, Eficácia Intelectual, Adaptabilidade
(9) Relação Homens-Natureza-Sociedade
(10) Características, Uso, Distribuição, etc.

Como a análise do sistema de saúde, sob a ótica de um conjunto amplo, um sistema aberto, recebendo *inputs* do ambiente (meio externo), nos interessa, do ponto de vista do conceito de interações entre saúde-doença e a vida, atuação, inserção, etc. do indivíduo na sociedade e no meio que a cerca, da mesma forma que a visão dos "serviços de atenção à saúde" como algo mais amplo do que as "ações curativas", vamos nos deter no exame da proposição de Blum, tentando, na medida do possível, exemplificar as interações com fatos atualmente estudados e admitidos como relações causa-efeito pela própria ciência médica. Isso, sem a simplificação decorrente da proposição de que "todo efeito tem *apenas* uma causa", já descartada pelos modernos conhecimentos científicos.

Bem-estar, ou saúde somática e psicossocial, já foi definido e exemplificado quando da indicação do conceito de "saúde" de Blum; portanto, inclui não apenas os "padrões ótimos", mas "minimização de problemas" e "promoção da adaptação", em sentido lato.

Hereditariedade, ou herança genética. Reconhece-se a influência da natureza intrínseca do indivíduo tanto na maior ou menor susceptibilidade à doença, quanto na sua transmissão entre gerações: no primeiro caso, a população branca é mais propensa ao câncer de pele, e a negra, à anemia falciforme; no segundo, hemofilia e síndrome de Down, na atualidade, a Aids, são transmitidas geneticamente ou por contágio mãe-filho. Ora, reconhecendo-se que aspectos limitativos são desenvolvidos pela sociedade (normais comportamentais) e pelos fatores ambientais, quanto à escolha dos parceiros de reprodução, compreendemos como esses aspectos influenciam o potencial genético. Entretanto, o "aconselhamento" genético, a redução dos riscos por intervenção médico-sanitária e, potencialmente, por meio da engenharia genética podem, até certo ponto, modificar esse quadro.

Serviço de atenção à saúde. Dentre todas as formas de cuidado com a saúde, destacam-se os serviços médico-hospitalares, pelo seu maior "impacto" junto à população, pelo seu maior "custo" e "aparência importante", pela sua tecnologia e por ser um "recurso" de emergência:

> Os serviços médicos e hospitalares são usualmente cuidados de "crise", algumas vezes referidos como "medicina heróica" ou "medicina tardia"; eles se preocupam com a doença e *não com a saúde* (...); e é devido também a atitudes individuais — o povo responde apenas quando é levado a isso (Schulz, Johnson, 1979: 8, grifo nosso).

Porém, cada vez mais indagações são feitas sobre a real eficácia desses cuidados no estado geral de saúde da população, como: onde ficam as pesquisas básicas para desenvolver imunização, assim como quimioterapia, com a finalidade de prevenir e alterar doenças? E os estudos sobre a correlação possível entre ambiente, trabalho, moradia, canalização de água e esgotos, etc. e saúde da população? Mais, ainda, e os trabalhos sobre a influência da nutrição, dos hábitos de higiene e outros hábitos (por exemplo, o de fumar), dos descansos, dos exercícios, dos problemas de poluição, de segurança ocupacional, de condições de habitação, etc. sobre saúde-doença? Dessa forma, os serviços de atenção à saúde devem incluir:

- serviços de saúde comunitários, a cargo de agências do meio e de saúde pública, intervindo nos problemas ambientais em geral;
- promoção de saúde, com atuação no âmbito dos hábitos e costumes individuais e familiares. Entre os agentes de saúde que mais impacto obtêm nesse aspecto encontram-se os pediatras, os geriatras e os dentistas;
- prevenção, dividida em primária (vacinação, imunização, etc.), e secundária (detecção precoce de doenças);
- serviços curativos, de diagnósticos e tratamento, prestados pelos ambulatórios ou pelas clínicas e hospitais, como atenção a pacientes internados. Segundo White e Hansen, os serviços de tratamento são também categorizados como de atenção primária, secundária e terciária:

> A atenção primária pode ser definida como o local de entrada no sistema saúde e sua coordenação por meio dele. Ocorre, usualmente, por intermédio (...) de clínico geral interno, pediatra ou cirurgião geral. Os serviços de atenção primária são usual-

mente prestados em ambulatórios ou consultórios. Os serviços de atenção secundária são serviços de consulta intermediários em generalidade. Os serviços de um interno ou cirurgião geral classicamente educado poderiam ser colocados nessa categoria. A atenção terciária refere-se a serviços de subespecialidades ou referência categórica, atendidos em centros médicos regionais.

A dificuldade em classificar precisamente a prestação de serviços de saúde reflete-se no fato de "um único médico poder ser colocado dentro de todas as três categorias em ocasiões diferentes", e pelo fato de o atendimento poder ocorrer, conforme o caso, no ambulatório, nos consultórios e nos pronto-socorro (atenção primária); no mesmo pronto-socorro e em consultórios equipados para tal (atenção secundária), nos hospitais, nas clínicas, nos centros médicos, inclusive regionais (atenção terciária) (*apud* Schulz, Johnson, 1979: 14).

- serviços de atenção restaurativa e crônicos ou de atenção custodial, prestados em uma grande variedade de instituições, como centros de convalescência, centros isolados de reabilitação, clínicas de equipes médicas, hospitais e diversos órgãos públicos.

Comportamento. Os padrões de comportamento, os costumes e os usos imperantes em uma sociedade têm poderosa influência em vários aspectos do comportamento individual e grupal, relacionados com a saúde-doença: regime alimentar, uso de medicamentos, procura de atenção médica, tipo de vida, hábitos de higiene, tipo de vestuário, agressões à integridade física, hábitos — como beber, fumar, tomar drogas, comer em excesso, exagerar no esforço físico, realizar dietas drásticas e outros. Por sua vez, o comportamento deriva da maneira pela qual indivíduos, grupos e sociedades reagem às influências do meio, aos serviços de atenção à saúde e à hereditariedade (indivíduos).

Meio ambiente. Considera-se "meio ambiente" físico tanto o "natural", aquele proporcionado pela natureza antes da intervenção do homem, quanto o resultado da ação dos seres humanos sobre esse ambiente natural. É evidente que ambos têm influência na qualidade de vida das populações e em seu estado de saúde: de um lado, temos clima, condições do solo, topografia, pragas, cataclismas, perda da colheita, insuficiência de água, etc.; de outro, infra-estrutura sanitária, condições das habitações, do sistema de transportes e comunicações, níveis de poluição do ar, da água, do solo, sistemas de segurança no desempenho das tarefas, no lazer e nos esportes, políticas sociais relacionadas com o fumo, com as bebidas, com as drogas, com o trânsito, com a segurança geral, etc. Da mesma maneira, o meio ambiente, fundamentado nos "subsistemas" social, cultural e político, educacional, ocupacional, econômico e outros, recebe influências do meio ambiente físico e se reflete nele, interferindo no estado de saúde-doença da população; interage, também, juntamente com o físico, com o comportamento e os serviços de atenção à saúde, assim como com a hereditariedade. Pesquisas recentes começam a correlacionar, se não o rendimento familiar, mas fatores dele decorrentes, com a "qualidade de vida" e a saúde: "a capacidade de um indivíduo para obter educação, viver em uma área saudável", em habitações com infra-estrutura adequada, conseguir alimentação quantitativa e qualitativamente apropriada, encontrar ocupação não-relacionada com limitações por condições crônicas ocasionadas pelo trabalho e "obter acesso a outros serviços contribuem para elevar a qualidade de vida", interferindo na saúde. Fuchs considera

> que o estilo de vida contribui bastante para o estado de saúde nos países desenvolvidos — mais do que a renda ou a atenção médica. Ele acha que o estilo de vida pode ser responsável por diferenças não-explicadas em saúde, entre homens e mulheres, raças, adultos de meia-idade, na Suécia e Estados Unidos, daqueles com diferentes estados civis, pessoas com variadas ocupações... (*apud* Schulz, Johnson: 1979: 5-6).

Após esse desdobramento, podemos visualizar como o bem-estar, ou saúde somática e psicossocial (1), recebe *inputs* da hereditariedade (2), dos serviços de atenção à saúde (3), do comportamento (4) e do meio ambiente (5), e de como esses quatro fatores se relacionam uns com os outros e são afetados pelas características da população (6), pelos sistemas socioculturais desenvolvidos por uma sociedade (7), pelos critérios de saúde mental estabelecidos, proporcionados, desenvolvidos e "recuperados" em dada comunidade (8), pelo equilíbrio ecológico alcançado ou mantido pela sociedade (9) e pelas características, emprego, distribuição e uso feito dos recursos naturais (10). Está assim completo o quadro do Sistema de Saúde em relação ao seu "ambiente" e aos *inputs* que dele recebe. Passemos agora ao exame do Sistema no que se refere à "caixa-preta", ou seja, o seu funcionamento interno.

O Sistema de Saúde e seus subsistemas

A Figura 3 permite que iniciemos a visão de como se articula o Sistema de Saúde internamente, no que se refere aos componentes, considerados subsistemas, decompondo-o sucessivamente, ao mesmo tempo em que se analisam suas funções.

FIGURA 3

O Sistema de Saúde e seus subsistemas

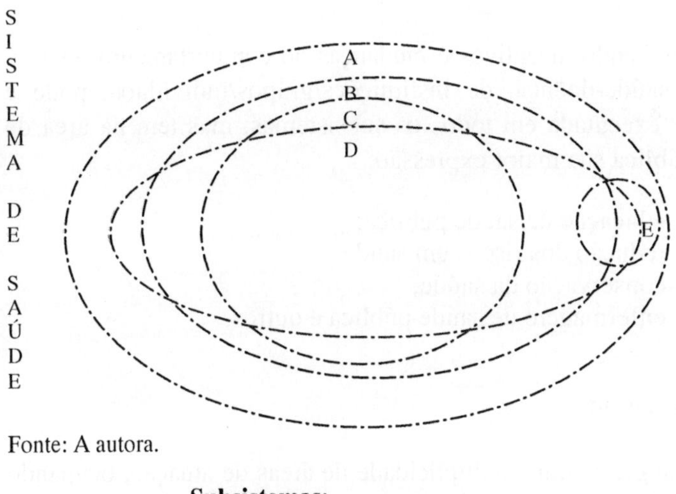

Fonte: A autora.

Subsistemas:
A — Saúde Comunitária
B — Promoção de Saúde
C — Prevenção
D — Serviços Curativos
E — Reabilitação

A — Saúde comunitária

Cabe aos órgãos federais, estaduais e municipais, diretamente, por contração, por concessão ou outros meios permitidos pela legislação, planejar e executar, entre outras, as seguintes atividades:

- avaliação continuada dos recursos e da ecologia da comunidade;
- habitação e uso da terra;
- saneamento;
- abastecimento de água;
- remoção de fossas;
- remoção do lixo;
- controle da poluição sonora do ar, da água e dos perigos de radiação;
- controle de insetos e roedores;
- saúde ocupacional, etc.

B — Promoção de saúde

Englobando incentivos e mudanças no comportamento relacionado à saúde-doença, de instituições/grupos/indivíduos, pode e deve ser executada em todos os subsistemas, mas tem na área de saúde pública sua maior expressão:

- educação de saúde pública;
- redução dos riscos em saúde;
- conservação da saúde;
- enfermagem de saúde pública e outros.

C — Prevenção

Abrangendo uma multiplicidade de áreas de atuação, ocupando várias instituições públicas e privadas, pode ser exemplificada por:

- controle de doenças transmissíveis (infecciosas);
- saúde materno-infantil;
- saneamento do leite e da alimentação, etc.

Na área de prevenção primária, encontramos atividades como vacinação, imunização, etc., ao passo que na prevenção secundária aparecem exames pré-natais, vigilância de grupos de risco, de grupos com tendência a manifestar determinada doença, exames anuais de prevenção do câncer (por exemplo, Papanicolau), de controle da pressão arterial e outros.

D — Serviços curativos

Esses serviços serão detalhados mais adiante.

E — Reabilitação

Também denominada de *Serviços de atenção restaurativa e crônicos ou de atenção custodial*. Antigamente, a cargo, principalmente, de órgãos públicos e privados especializados, como centros de reabilitação, clínicas de equipes médicas (para alcoolatras, dependentes de drogas, etc.) e centros de convalescença, entre outros, hoje se pode encontrar hospitais que criaram unidades de atenção, inclusive, a crônicos.

É preciso verificar que, assim como indicado na Figura 3, os subsistemas e suas atribuições se interpenetram e, de maneira dinâmica, trocam funções, atividades e campo de atuação, sobrepondo-se em determinados momentos e complementando-se em outros. Entretanto, para o funcionamento do todo, é ainda necessário que haja uma *formulação de política e planejamento em saúde*, que deve receber informações por meio da coleta de *estatísticas vitais* e obter técnicas e instrumentos por meio da *pesquisa continuada*, em todos os níveis, tanto pura como aplicada.

O subsistema das instituições de serviços de diagnóstico e tratamento (serviços curativos)

Observamos no Capítulo 1 que a história do desenvolvimento da prática médica no Brasil viu surgir e aprofundar-se uma divisão entre a área representada pelo tratamento do indivíduo doente e aquela correspondente à prevenção do estabelecimento das doenças, pela medicina curativa e medicina preventiva (da mesma forma que ocorrera entre política social em saúde pública e medicina previdenciária). Atualmente, se não há consenso, pelo menos aparece já a convicção de que devemos caminhar ao encontro de uma *medicina integral*, ou o reconhecimento de que as diferentes agências que participam das etapas de atendimento geral à saúde precisam integrar-se no Sistema de Saúde como um todo, no qual tanto as atividades quanto as responsabilidades devem ser racionalmente divididas. Dessa forma, baseados no texto de Ernesto Lima Gonçalves (Gonçalves, org., 1983: 3-17), apresentaremos o que se entende, hoje, como as funções do hospital moderno, em relação ao público externo e interno. Essa escolha do hospital, dentre as demais instituições voltadas aos serviços curativos, para um exame mais detalhado, corresponde ao interesse de nosso trabalho, como veremos mais adiante, ao determinar a posição do objeto de nossa pesquisa — o ambulatório — no universo dessas instituições, salientando, então, sua relação com o hospital — local em que foi pesquisado.

O hospital e seu público externo

Iniciemos o exame das funções que cabem (ou caberiam) ao hospital moderno pela definição da instituição hospitalar no mundo contemporâneo, feita pela Organização Mundial de Saúde:

> O hospital é parte integrante de um sistema coordenado de saúde, cuja função é dispensar à comunidade completa assistência médica, preventiva e curativa, incluindo serviços extensivos à família em seu domicílio e ainda um centro de formação dos que trabalham no campo da saúde e para as pesquisas biossociais.

Assim, e não necessariamente na mesma ordem, as funções referentes ao público externo englobam:

Prestação de atendimento médico e complementar aos doentes em regime de internação

Apesar de parecer óbvia, a constatação não o é, principalmente se levarmos em consideração algumas das funções do ambulatório e das unidades de atendimento complementar. No último caso, pode-se frisar que:

> A realização de exames subsidiários — por exemplo, preliminares "à decisão sobre uma intervenção cirúrgica — poderá retardá-la indevidamente, prolongando o tempo de hospitalização do doente, com prejuízos financeiros, sociais, familiares e pessoais. Tal eventualidade apenas se justificará diante da impossibilidade de execução dos referidos exames complementares em outro regime que não o de internação hospitalar.

Quanto ao ambulatório, este se encontra apto para a realização de tratamentos complementares, na maioria das vezes de qualquer natureza, os quais, assim, devem ser executados sem o regime de internação hospitalar. Como hoje em dia (contrariamente ao passado, como se verá no Capítulo 3) a função de atendimento aos doentes internados é inerente à própria natureza do hospital, as considerações já feitas são suficientes sobre esse item.

Desenvolvimento, sempre que possível e tanto quanto possível, de atividades de natureza preventiva

Essa visão é recente, mas, inclusive no Brasil, à exceção das grandes cidades, tem assumido importância crescente:

> Dada a carência ou a presença reduzida de "agências de saúde formalmente encarregadas de atividades de natureza preventiva (apesar dos esforços do governo, pelas sucessivas alterações da política de saúde, destacando a necessidade de *interiorização*), caberá aos hospitais ali situados desenvolvê-las.

Se quisermos ter uma visão mais realista do panorama geral, a esse respeito, observamos que até mesmo nas grandes cidades o fenômeno da concentração, em determinadas regiões "nobres", dos recursos mais sofisticados de atendimento médico-hospitalar convive com a exigüidade de recursos para o atendimento primário, necessário à população da periferia; assim, os hospitais, em geral, "são cada vez mais solicitados a desempenhar tarefas de medicina integral", agindo também na área preventiva, desenvolvendo, para tal, novos procedimentos administrativos, como, por exemplo, mantendo registros e controles de natureza epidemiológica e estatística.

Participação em programas de natureza comunitária, procurando atingir o contexto sócio-familiar dos doentes que o hospital atende

Se os centros das grandes cidades podem fugir, por falta de interesse e, até, de possibilidades para tal, dessa função,

> na periferia (...), tal como ocorre nas cidades de pequeno porte, iniciativas e programas de natureza comunitária são impositivos. Para tanto, deverá o hospital abrir-se para os profissionais de saúde que trabalham em sua região de influência, oferecendo-lhes oportunidade de atuação e cobertura de seus doentes, mesmo em seus domicílios e em seu contexto familiar.

Os programas de natureza comunitária englobam a educação em saúde; nesses casos, os hospitais podem atuar em tal área junto ao doente internado e/ou de ambulatório e seus familiares, assim como eleborar programas destinados a seus funcionários, pois estes, além de fazerem parte da comunidade, representam "excelente veículo multiplicador das orientações recebidas". Para os doentes internados e os de ambulatório, assim como para seus familiares, pode-se ter programas relativos, no caso dos primeiros, à doença geradora da necessidade de atendimento: medicamentos e orientações prescritas, questões de alimentação e dietéticas, exames posteriores requeridos, relacionamento com familiares e outras pessoas, etc.; no caso dos últimos, um trabalho semelhante, esclarecendo dúvidas e orientando sobre ações de natureza preventiva. Quanto aos funcionários, poder-se-á, inclusive, entre outras atividades, desenvolver programas de treinamento, cuja essência será a conscientização de que a "saúde é um bem comum a ser cultivado e desenvolvido", convicção a ser partilhada com entidades de bairro e lideranças da comunidade, por exemplo.

Integração ativa no sistema de saúde

Essa função decorre de um fenômeno universal: o desenvolvimento de uma tecnologia sofisticada, tanto no campo diagnóstico quanto no de tratamento e sua concentração e custo elevado. Como resultado, cresce a demanda por tais serviços, largamente divulgados, mas sua oferta tende a decrescer, dado o preço elevado; assim, para equilibrar demanda e oferta, há que se racionalizar o "uso de todos os recursos disponíveis, a fim de que toda a população possa ter acesso a eles", na medida de sua necessidade. Isso conduz à indispensabilidade de uma coordenação geral dos recursos existentes, na qual o hospital deve ter um papel ativo.

O hospital e sua vida interna

Ainda dentro do espírito da definição de hospital, dada pela Organização Mundial de Saúde, podemos considerar que as funções a serem desempenhadas por esse hospital, no que diz respeito ao âmbito interno de sua atuação, assim se apresentam (ainda com base no texto de Gonçalves, em Gonçalves, 1983: 3-17):

a) participação na formação de recursos humanos para a área de saúde, não só buscando ampliar a capacitação de seus próprios profissionais, de todos os níveis e categorias, mas também procurando contribuir para a formação de integrantes da chamada equipe de saúde. Em outras palavras, a atuação do hospital como fonte de capacitação profissional não se refere ao treinamento de cada um em sua especialidade, desde o nível mais alto até o menos qualificado, mas desenvolve neles um verdadeiro espírito de equipe: elementos unidos que, em conjunto, possam compreender o processo social da saúde como um todo, inserindo-se nele de forma ativa, de maneira a compreender o sentimento, a esse respeito, da população, de com ele participar e com ela aprender, e não apenas ensinar ou "pontificar". A esse respeito manifestou-se Aquino (1980: 19), ao observar que

> é totalmente inexplicável a organização hospitalar de complexidade crescente continuar usufruindo apenas dos serviços da seção de pessoal, que, por natureza, se volta única e exclusivamente para a administração dos eventos burocráticos decorrentes do vínculo empregatício. (...). Afinal de contas, o sucesso ou insucesso do emprendimento hospitalar ou de qualquer empresa de serviços repousa sobre seus recursos humanos.

Ora, de há muito o hospital atua em duas áreas: a de orientação de cada funcionário novo (de qualquer nível) e a de treinamento em serviço, vistas como

> um conjunto de iniciativas pelas quais uma organização oferece a seus empregados a possibilidade de uma educação continuada, com o objetivo de melhor capacitá-los para o exercício de suas atividades; atinge-se, dessa maneira, um duplo resultado: o aperfeiçoamento de cada membro da instituição no seu plano pessoal e um melhor padrão de qualidade dos serviços prestados aos clientes e usuários, pelo melhor desempenho dos funcionários submetidos ao programa de capacitação.

Entretanto, isso não é suficiente. Deve o hospital moderno contribuir também para a formação das diferentes categorias que compõem a equipe de saúde, não se restringindo, portanto, apenas ao aperfeiçoamento de seu próprio pessoal. Entre as diversas atitudes visando a esse objetivo podemos citar: receber estagiários, abrir as portas para elementos externos que, no âmbito do hospital, podem desenvolver programas de treinamento e outros. Evidentemente, se a entrada desses elementos se fizer de forma indisciplinada, as possíveis vantagens se anulam, sendo que a própria eficiência do hospital, em suas atividades rotineiras, pode ser perturbada: convém, portanto, preparar normas, esquemas e rotinas que redundem em procedimentos adequados e em responsabilidades delimitadas, o que se configura em lucro para o hospital e para a comunidade. Dentre todo pessoal que deve obter aperfeiçoamento no hospital destaca-se uma categoria essencial: a dos médicos jovens, executando atividades programadas e supervisionadas, ou seja, inserindo-se num programa de residência médica. A esse respeito manifestou-se Osler (*apud* Gonçalves, em Gonçalves, org., 1983: 12):

> O trabalho de uma instituição (hospitalar) em que não há ensino raramente é de primeira classe. Penso que é certo dizer que, num hospital com estudantes nas enfermarias, se tratam melhor os doentes, se estudam melhor as doenças, se comete menor número de equívocos.

Entretanto, um alerta é necessário: na medida em que os residentes são considerados mão-de-obra barata, substituindo nas funções (e *responsabilidades*) aquele que deveria supervisioná-los, o hospital contraria as normas da Comissão Nacional de Residência Médica e, em vez de aprimorar o profissional, coloca em risco o funcionamento adequado da instituição;

b) outra função do hospital moderno, relacionada com a vida interna da instituição, reporta-se ao fato de que ele representa o palco dinâmico em que se desenrola a atividade profissional das pessoas que trabalham no hospital e cuja motivação precisa ser preservada e estimulada. Independente das inúmeras teorias do campo da administração, da sociologia e da psicologia aplicadas à administração, que demonstram a importância para as organizações da motivação das pessoas que nelas desenvolvem suas funções, a própria constatação, derivada da experiência diária, comprova o binômio baixa motivação/desempenho desfavorável. É evidente que os *outputs* de uma instalação hospitalar não são constituídos por quantidades de mercadorias, nem cifras referentes aos lucros, mas a satisfação da população atendida e o nome da instituição podem ser assim compreendidos: e esses sofrem com a desmotivação, a insatisfação e outros aspectos que prejudicam o desempenho;

c) participação no desenvolvimento de pesquisas em todos os terrenos de sua [do hospital] atividade (médica, biológica, farmacológica, institucional, administrativa, organizacional, etc.). Isso significa que o hospital assume integralmente o papel que a época contemporânea lhe reserva: acúmulo de saber, estudo das doenças, desenvolvimento de métodos e técnicas de todo tipo (inclusive cirúrgicas), aperfeiçoamento e invenção de instrumentos, de produtos farmacológicos, de modos de atendimento, tratamento, etc., melhora das formas de administração e organização, de elaboração de dados médicos e outros, de integração na era dos computadores, por meio da esquematização de programas para processamento de dados. Em resumo, o apro-

> veitamento de um grupo de especialidades, reunido em determinado lugar, dispondo (pelo menos em teoria) de facilidades de material, instrumentos, tempo e orientação, deve resultar em contribuições originais, em teorias desenvolvidas e resultados de métodos e técnicas aperfeiçoados: é assim que o hospital moderno cumpre mais uma função em benefício de toda a comunidade.

A Figura 4 apresenta uma visão das variadas funções do hospital moderno, divididas nas que se referem ao público externo e nas voltadas para o público interno.

FIGURA 4
Funções do hospital

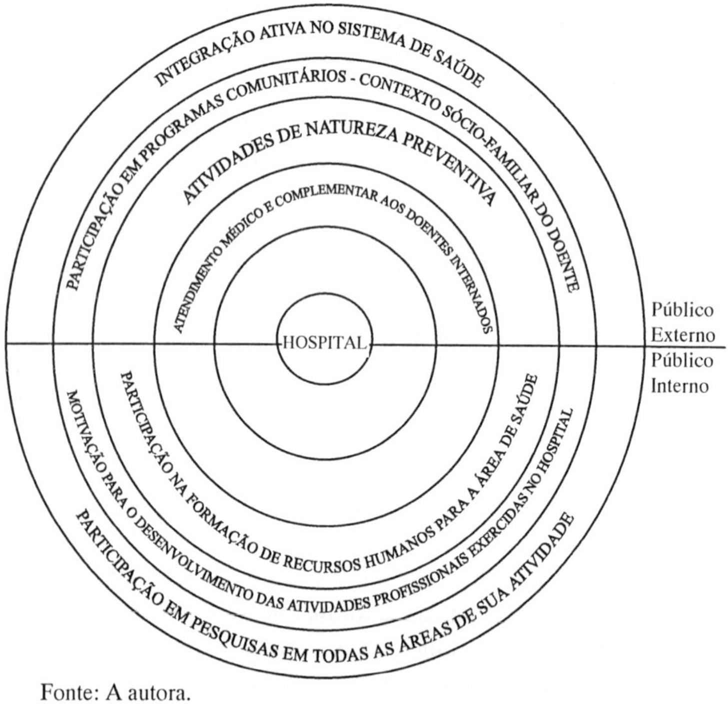

Fonte: A autora.

O ambulatório no subsistema de serviços curativos

Se a teoria sistêmica permite isolar partes de um sistema, considerando-as subsistemas, com características, funcionamento e visão do "todo" próprios dos novos sistemas, inseridos no que foi decomposto; assim como todo sistema, tomado como ponto de referência, se insere em um sistema maior — a consideração do subsistema curativo conduz à sua decomposição em outros subsistemas, dos quais isolamos um — o ambulatório — para nossos estudos e objeto da pesquisa de campo, apresentada no Capítulo 5. Ora, o próprio raciocínio sistêmico leva agora a considerar o ambulatório um subsistema, inserido num sistema — o sistema curativo — que, por sua vez, estará contido no sistema maior — o sistema de saúde.

Definição, caracterização e organograma

Iniciemos o nosso exame da unidade denominada "ambulatório" com a conceituação do Proahsa (1987: 293-294):

> Ambulatório é uma unidade destinada ao atendimento de pacientes para diagnóstico e tratamento, através da execução das ações de promoção, prevenção, recuperação e reabilitação, dirigidas ao indivíduo, à família e ao meio, *quando constatada a não-necessidade de internação.*

O grifo é nosso e diz respeito à objeção a uma definição que, a não ser essa exceção, é, em todos os aspectos, completa: a quase "omissão", se quisermos ser perfeccionistas, refere-se aos indivíduos que, *necessitando de internação*, após a mesma, *como parte integrante* (quer complementar, quer conclusiva) *do atendimento hospitalar*, retornam ao ambulatório.

A seguir, vem o conceito de "estrutura/posição":

"A unidade de ambulatório subordina-se à *diretoria clínica* de modo a coordenar suas atividades em diagnóstico, terapêutica e seguimento dos casos clínicos."

Novamente o grifo é nosso e refere-se a uma objeção muito importante: por que a subordinação da unidade de "ambulatório" exclusivamente à diretoria clínica? Sabidamente, "diretoria clínica", "corpo clínico", etc. referem-se a *médicos*. Todo o novo enfoque dado à função de *equipes multiprofissionais* demonstra a preocupação de que as ações, envolvendo pacientes, devem ter, além da atuação do clínico, a de outros profissionais!

As atribuições indicam:

- desenvolver suas ações por meio do trabalho em *equipes multiprofissionais*;
- propocionar assistência global, geral e especializada a indivíduos que necessitam de assistência médica, de enfermagem e de outros profissionais de saúde, em forma descontínua, isto é, indivíduos que se encontram parcialmente incapacitados;
- propocionar maior rentabilidade dos leitos do hospital;
- proporcionar condições de aprimoramento de habilidades dos profissionais e estudantes da área de Saúde, ciências do comportamento e outros;
- promover atividades de assistência sanitária a serviço da comunidade, por meio de ações de orientação e controle;
- articular-se com outras unidades do hospital para integrar o sistema de assistência médica, e com outras instituições e serviços de saúde para assegurar o sistema de referência;
- manter programas de avaliação das atividades executadas;
- manter recursos humanos e materiais;
- participar de programas de pesquisa e de ensino das ciências da saúde.

Aqui vemos, na primeira das "atribuições", o reconhecimento da necessidade de *equipe multiprofissional* para o atendimento dos pacientes, aprimoramento dos especialistas e demais atividades. A questão subjacente é: por que essa equipe multiprofissional tem de ser *obrigatoriamente* subordinada à diretoria clínica?

Na descrição da área física do ambulatório, o Proahsa deve ter se baseado em unidades de certa complexidade, ao mesmo tempo em que deixou de listar dependências que se encontram, até de certa maneira rotineiramente, em vários ambulatórios:

Figura 5

O sistema curativo — fluxograma

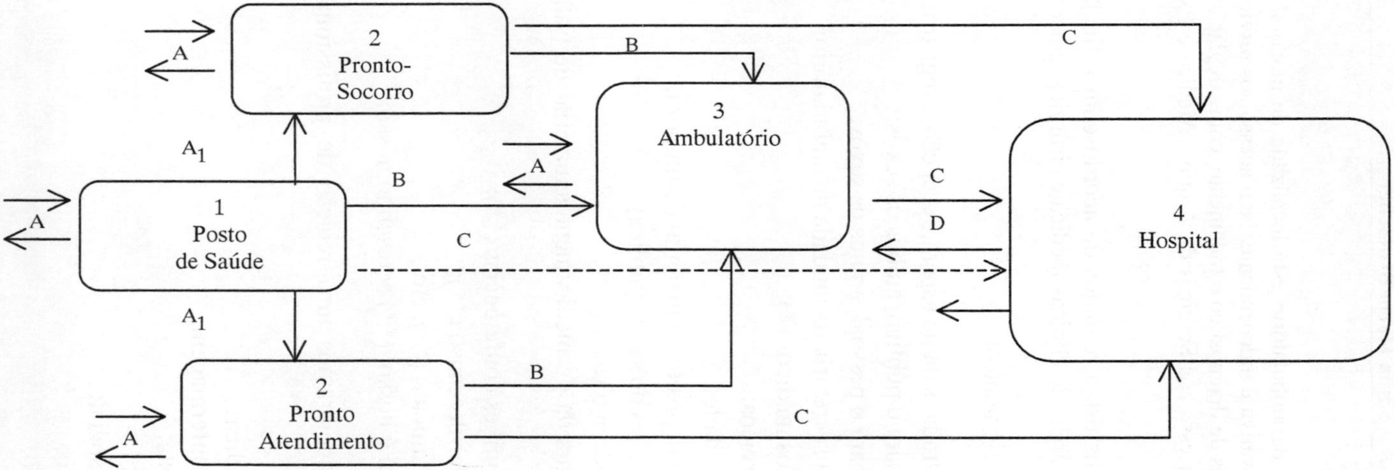

Fonte: A autora.

1. Posto de Saúde: A Tratamento → Saída; A_1 Urgência → Encaminhamento para { Pronto-Socorro / Pronto Atendimento ; B Ambulatório;
C Urgência de internamento → Hospital

2. Pronto-Socorro ou Pronto Atendimento: A Tratamento de emergência → Saída: B Ambulatório: C Urgência de internação → Hospital.

3. Ambulatório: A e B Tratamento sem urgência – Acompanhamento do tratamento → Saída: C Urgência de internação → Hospital:
D Acompanhamento do tratamento após desinternação → Saída.

4. Hospital: Entrada por meio de 1, 2 ou 3: C Internação – Saída ou D Ambulatório – Acompanhamento do tratamento após desinternação.

A unidade de ambulatório está localizada de modo a permitir entrada privativa e independente, fácil acesso aos serviços complementares de diagnóstico e tratamento, com circulação interna própria e acesso aos Serviços de Arquivo Médico e Estatística (Same).

"Os consultórios estão reunidos de acordo com a finalidade a que se prestam, nas áreas de clínicas médica e cirúrgica, gineco-obstetrícia e pediatra."

Categorização/elementos:

- *hall* de entrada, sala de espera, recepção e registro;
- sanitário para o público, ambos os sexos;
- sanitário para o pessoal, ambos os sexos;
- sala para a secretaria da unidade de ambulatório;
- consultórios médicos (*);
- sala de serviços;
- sala de utilidades;
- sala para o depósito de material de limpeza;
- sala para ações de saúde pública;
- sala para serviço social;
- local de guarda de medicamentos/material de tratamento (**);
- sala de reuniões/conferências (**);
- sala de estar/descanso (**);
- sala de tratamento (**), etc.

(*) o plural é nosso; (**) acréscimo nosso.

Finalmente, encontramos uma relação de profissionais que atuam na área:

- equipe médica;
- equipe de enfermagem;
- nutricionista;
- psicólogo;
- assistente social;
- escriturário;
- mensageiro.

Para completar essa visão da unidade de ambulatório, apresentamos, no Anexo II, uma série de modelos para sua operação, preparados pelo Proahsa, e a Figura 6, com o organograma funcional do Ambulatório Geral do Hospital-Escola de Ribeirão Preto, classificando como de terceira linha, pois "faz prevenções secundárias e terciárias", segundo a constatação de Vinha *et al.* (1987: 149). As autoras realizaram ali uma pesquisa a respeito da triagem de pacientes para consulta, feita por médicos e enfermeiras. O ambulatório, como se observa na Figura 6, possui três grandes áreas de atendimento, a não-especializada — de Triagem Médica e Controle de Consulta e de Atendimento Integrado —; especializada — com várias especialidades — e a voltada para saúde pública, prevenção e educação — Serviço de Enfermagem de Saúde Pública, Enfermagem Preventiva e Educação em Saúde.

Organograma e fluxograma da unidade ambulatorial

Considerando que o ambulatório, ou unidade ambulatorial, objeto de nossa pesquisa, é aquele que se encontra ligado a instituições hospitalares, interessa-nos a posição que ele ocupa no organograma do hospital e, sobretudo, o fluxograma de seu funcionamento, quando correlacionado com outras unidades internas ou instituições externas.

Iniciando pelo organograma, devemos esclarecer que, na concepção sistêmica, este representa uma visualização do que se entende por articulações dos componentes de um sistema. Essas relações entre partes podem basear-se em: 1) autoridade-subordinação; 2) coordenação de componentes diferenciados ou 3) composição de funções específicas. É o último enfoque que nos interessa, tendo-se em mente que o ambulatório se articula com as demais partes do hospital, desempenhando funções diversas daquelas destinadas aos pacientes internados.

Partimos do princípio de que a função básica de um ambulatório é o atendimento de pacientes externos, de maneira prevista e regular, mediante agendamento prévio, ao longo de todo o tempo necessário para o tratamento, até que se atinja a alta do paciente.

FIGURA 6

Organograma funcional de um ambulatório (ambulatório geral do hospital-escola de Ribeirão Preto)

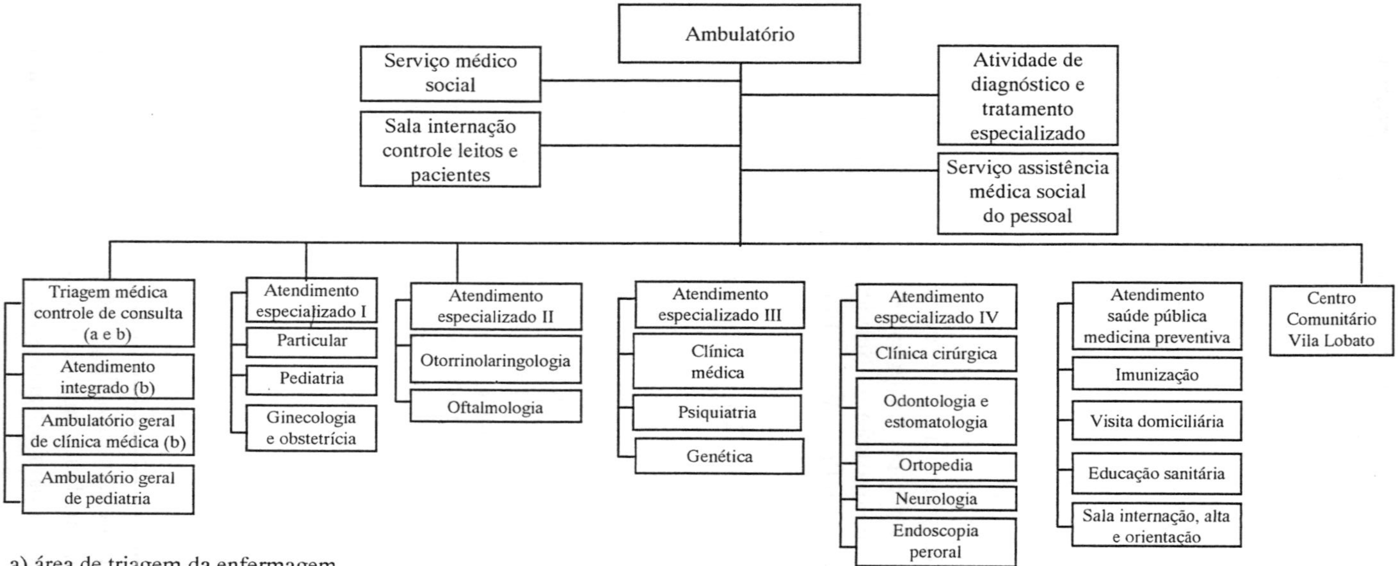

a) área de triagem da enfermagem
b) área de pesquisa
Fonte: Vinha *et al.*, 1987: 150.

Ora, dentro de um conceito organizacional mais moderno, o ambulatório não é o único setor de atendimento de pacientes externos do hospital. Existe também, obrigatoriamente, um pronto-socorro, cuja função é o tratamento dos casos de urgência. Pode-se ter também, embora nem sempre exista, um setor de pronto atendimento, que suplementa a atuação do ambulatório, recebendo o paciente que necessite de consulta não-prevista, inclusive no decorrer de um acompanhamento terapêutico mais prolongado.

A tendência da administração atualmente é agrupar as pessoas que ingressam no ambulatório, no pronto-socorro ou no pronto atendimento, divisão denominada Atendimento a Pacientes Externos, a qual se subordina ao Departamento de Serviço Médicos. Esse modelo de organograma é mais comumente encontrado em grandes hospitais, nos quais os serviços médicos e os setores administrativos tenham diretorias responsáveis inteiramente independentes, mas que não ofereçam ao paciente programas de fisioterapia, psicologia ou outros prestados por profissionais não-médicos. No caso de um ambulatório mais completo, que possua todos esses setores, o Atendimento a Pacientes Externos não se subordina ao Departamento de Serviços Médicos, mas a um diretor de Serviços Externos, que terá logo abaixo de si um responsável pelos serviços médicos, outro de enfermagem e um terceiro para a área paramédica.

Separar os serviços do ambulatório por especialidade, submetendo cada um à respectiva clínica, é um organograma antiquado e pouco prático, pois dificulta a marcação de consultas e o controle de disponibilidade de especialistas. Também é desaconselhável, embora ainda bastante comum, fazer com que a enfermagem e os médicos não tenham relacionamento administrativo entre si, senão em nível de diretoria-geral do hospital.

A nosso ver, o modelo ideal é aquele que coloca o ambulatório como uma divisão dos Serviços a Pacientes Externos, tendo um responsável, que tanto pode ser médico, como enfermeira, administrador hospitalar, e aparecendo com as seguintes subdivisões:

- serviços médicos;
- serviços de enfermagem;
- serviços paramédicos (odontologia, psicologia, fonoaudiologia, fisioterapia, etc.)
- outros serviços (burocracia, limpeza, segurança).

Em relação ao fluxograma, há duas abordagens: a interna, quando, por exemplo, o indivíduo, que dá entrada no ambulatório, é encaminhado às diferentes etapas do processo de atendimento, e a externa, isto é, a passagem sucessiva por diferentes unidades de um mesmo complexo — a instituição hospitalar como um todo — ou, num aspecto mais abrangente, sua ligação com a instituição em que se encontra inserida e com outras, independentes dela. A segunda visão é que foi objeto dessa parte de nosso trabalho. Para um melhor entendimento, criamos uma representação figurativa do processo, incluindo locais não-inseridos em complexos hospitalares, como os postos de saúde, em sua maior parte, e os pronto-socorros e os que se denominam pronto atendimento, sendo que estes dois últimos geralmente se ligam a instituições mais amplas. O esquema encontra-se na Figura 7.

Observamos nesse fluxograma que, além de possível entrada direta no ambulatório, existem três outras formas de ingresso:

1º) o indivíduo procura um posto de saúde. Se o problema for de possível resolução no local, ele será atendido e dispensado, sem requerer o envolvimento de outras unidades. Se seu estado for de emergência, poderá ser orientado para dirigir-se a uma unidade de pronto-socorro ou de pronto atendimento; da mesma maneira, se requerer internação imediata, o hospital será sua destinação. Portanto, em casos de não-urgência imediata e de necessidade de atenção especializada, é que ele será encaminhado para o ambulatório;

2º) a pessoa dirige-se a um pronto-socorro ou unidade de pronto atendimento. Verificando-se a exigência de internação, o passo seguinte será o hospital. Estando dentro das atribuições da unidade, será tratado e, se possível, liberado. Novamente, casos de competência de especialistas, que podem esperar a marcação de consulta, ou os que, após o primeiro atendimento, devem ter a mesma atenção serão encaminhados para o ambulatório;

3º) o paciente é hospitalizado e, após cessar a necessidade de permanecer em regime de internação, mas precisando: a) de uma continuidade do tratamento; b) de curativos Sucessivos; c) de acompanhamento da evolução de seu estado; d) de progressos de reabilitação ou; e) de atuação semelhante às anteriores, encaminhado ao ambulatório.

FIGURA 7
Corpo clínico, programas e serviços de apoio e coordenação

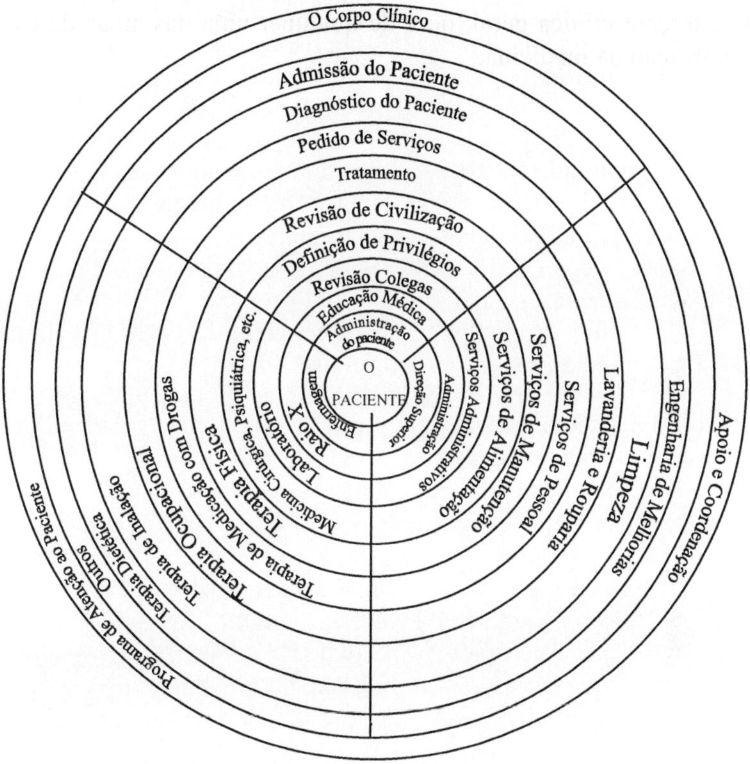

Fonte: Schulz, Johnson, 1979: 42.

Quanto ao ambulatório, uma vez que pode ocorrer a procura direta, o procedimento será semelhante: a urgência que não é possível de ser atendida requererá o deslocamento do indivíduo para unidades de pronto-socorro ou pronto atendimento; a necessidade de internação levará diretamente ao hospital. Na ausência das condições anteriores, passar-se-á ao procedimento de rotina do ambulatório.

Finalmente, queremos esclarecer que, tanto no organograma, como no fluxograma, não levamos em consideração todas as combinações decorrentes do processo de inter-relação ou de encaminhamento por meio de consultórios particulares, quer de médicos que exerçam clínica geral, quer de qualquer uma das áreas de especialização da medicina.

Parte II

Aspectos históricos e a modelagem do *dever ser*

Capítulo 3

Medicina e enfermagem ao longo dos tempos: uma relação de complementariedade ou de indiferença?

Histórico da medicina e da enfermagem no pré-capitalismo

A doença, como *processo biológico*, difere de sua concepção como *processo social*, pois a segunda abrange tanto as condições *materiais* e *sociais* que a originam (ambiente e relações sociais, decorrentes principalmente do trabalho), como o modo de percebê-la e de tratá-la. A doença, sendo um atributo da vida — da mesma forma que o é a morte — precede a existência do próprio homem na terra; mas, enquanto as causas da doença, como processo biológico, encontram-se no "reino da natureza" desde a existência da "vida", quando se referem ao homem, elas são "mediadas e modificadas" pela sua atividade social, assim como pelo ambiente cultural criado por essa atividade e no qual, por sua vez, elas se desenvolvem (Rosen, 1979: 77). A percepção de tal relação nas sociedades humanas modifica-se segundo os conceitos da própria natureza do social.

Sociedades ágrafas e tribais

As sociedades ágrafas e as tribais, em sua concepção animista, percebiam a doença como ocasionada pelos espíritos que habitavam todos os seres animados (e inanimados): espíritos malígnos.

Nessas sociedades, o trabalho de "livrar" o homem da doença une concepções mágicas e religiosas ao "conhecimento empírico de raízes, ervas e frutos" (Silva, 1986: 30). Assim, os praticantes da "arte de cura" deviam reunir elementos mágico-religiosos, ritos e procedimentos e conhecimento de fórmulas de preparação de poções. Por sua vez, os cuidados complementares, necessários ao processo de cura, ficavam a cargo das mulheres: não se compreendiam tais cuidados como atividades específicas, mas como suplementares do trabalho doméstico de cuidar de crianças e velhos, no âmbito da família.

Primórdios da civilização helênica

Nos séculos anteriores a Hipócrates, a civilização helênica atribuía à doença o significado de um "mal" que afasta o homem de um "estado de perfeição", levando-o à posição de um ser inferior, em contraposição aos deuses, ou seja, "imortais", capazes de praticar tanto o bem como o mal (excluído, portanto, o aspecto dualista da religião), mas dotados de atributos dos seres humanos: corpo humano e desejos e fraquezas também humanos. Destituído de demônios, não considerando nenhuma divindade causa de fome, peste ou morte, assim como de terremotos, tufões ou atividade de vulcões, não acreditando em recompensas futuras por boas ações ou punição pelos pecados, indiferente quanto ao *post mortem*, a religião não explicava, assim, a causa das doenças, mas em parte propiciava seu tratamento: ocasionalmente, os templos dedicados ao deus Asclépio (Esculápio romano) eram considerados verdadeiros "hospitais", onde doentes consultavam tanto o deus como seus sacerdotes, apresentados como os primeiros médicos gregos; a terapêutica desenvolvida reunia elementos mágico-religiosos e empíricos.

O período de Hipócrates

Entre os séculos V e IV a.C., período em que se destaca Hipócrates, temos mudanças significativas, cuja origem parece ser a concepção aprimorada pela medicina babilônica e egípcia de que o conhecimento do homem como um todo é que propicia o conhecimento do corpo, ao lado das idéias dos pitagóricos, primeiros filósofos a desenvolver interesse sério pela medicina, que iniciam explicação, mais tarde desenvolvida por Hipócrates, da origem da doença como "desequilíbrio dos humores".

Sob a influência de Hipócrates, a observação cuidadosa dos fatos clínicos coloca em segundo plano a medicina místico-telúrica: as explicações sobrenaturais da doença são substituídas pelo pressuposto de que "cada doença tem uma causa natural e sem causas naturais nada acontece"; portanto, a doença é ocasionada pelo desequilíbrio dos humores do corpo, aliado a condições climáticas e atmosféricas. A essa nova visão de enfermidade corresponde uma mudança na terapêutica: "todo corpo tem em si mesmo os elementos para recuperar-se", cabendo ao médico seguir a atuação da natureza, fonte da *cura (Encyclopaedia Britannica do Brasil*, 1976: XI 5.748); dessa forma, os ensinamentos hipocráticos dão maior destaque à capacidade curativa da natureza, com auxílio de distintas dietas e da prática da sangria, do que à utilização de drogas e poções, que se torna menos freqüente.

Até o advento da medicina moderna, no século XVII, a obra de Hipócrates influenciou a medicina do Ocidente, juntamente com a teoria humoral (assimilada, com variações, por Aristóteles) e as práticas dos médicos alexandrinos (Coe, 1973: 14).

Considerado um artesão, o médico na época de Hipócrates era adestrado por outro médico, podendo ser autônomo, que se deslocava de cidade em cidade, oferecendo seus serviços, ou um assalariado da própria cidade, cujo ordenado era financiado por imposto especial.

Civilização romana

Alterando a religião grega, a civilização romana nela destaca mais coincidência do que diferença: da mesma forma, a religião é terrena e prática, isenta de conteúdo espiritual e ético, sendo as relações entre o ser humano e os deuses "externas e mecânicas, constituindo uma espécie de negócio ou contrato entre as duas partes, a fim de obter proveitos mútuos" (Burns, 1963: 218). Era destituída de

> drogas, sacramentos ou qualquer crença em recompensas e punições numa vida futura. Continha, entretanto, um elemento muito forte de sacerdotalismo, constituindo os sacerdotes uma classe organizada [ou um testamento], um ramo do próprio governo (Silva, 1986: 33).

Portanto, a doença, sem causas sobrenaturais, continua sendo entendida como um "estado de desequilíbrio".

Segundo Molina (1973: 142), em seus primórdios, a medicina romana, herdada dos etruscos, era praticada, sobretudo, por escravos, sendo exclusivamente mágica. Foram as contínuas guerras, levadas a cabo pelo império, que impuseram a necessidade de cirurgiões e médicos militares; assim, o governo desenvolve uma política de atração de praticamente todos esses "ofícios", estrangeiros em sua maior parte, oferecendo-lhes privilégios e *status* na sociedade romana: é por esse motivo que, a partir do século IV a.C., os "artesãos" médicos gregos afluem para Roma. Com o tempo, a capacidade romana leva à codificação e organização do saber médico existente, sendo destacadas as contribuições "enciclopédicas" de Varron, Celso e Plínio, o Velho, entre 116 a.C. e 79 d.C., assim como de Galeno, romano por adoção, já que nasceu em Pérgamo, na Ásia Menor. Deve-se a ele a descrição tanto dos nervos cranianos quanto da anatomia do cérebro, da mesma forma que a distinção entre nervos motores e sensoriais, conhecimentos adquiridos pela dissecação de animais. Era também adepto da teoria humoral. É importante frisar que o conjunto de sua doutrina foi aceito também pela Igreja, só vindo a ser contestada a partir do século XVI.

A Roma coube, ainda, o "mérito de haver contribuído para o desenvolvimento da saúde pública, por meio, por exemplo, da construção de aquedutos, termas, banhos públicos, esgotos, limpeza obrigatória das ruas" (Coe, 1973:18).

A civilização romana recebe, entre os séculos III e V d.C., forte influência do Oriente, principalmente com a difusão de idéias de despotismo, pessimismo e fatalismo. "Os romanos perderam o interesse pelas realizações terrenas e começam a almejar as graças espirituais numa vida depois da morte" (Burns, 1963: 251). A subseqüente decadência econômica do império, agravada com as invasões constantes dos povos bárbaros, faz surgirem novo modo de produção e específica estrutura social, na qual o cristianismo se torna dominante.

O cristianismo

O advento do cristianismo altera a visão referente às doenças. Uma concepção dualista impregna a cultura: a enfermidade é entendida

> como um castigo divino, mas, sendo proveniente de um Deus misericordioso e bom, transmutava-se, simultaneamente, num instrumento poderoso de remissão dos pecados, de fortalecimento da fé e de aproximação com Cristo e salvação na vida eterna. Ademais, aqueles que cuidassem dos enfermos tinham também a oportunidade de salvar a própria alma (Silva, 1986: 34).

Compreende-se, assim, que a fé se constitui em fator determinante de incentivo ao atendimento dos doentes e dos pobres. Com o reconhecimento oficial do cristianismo pelo edito de Milão (Constantino, o Grande, 313 d.C.), a Igreja, livre das perseguições, inicia o movimento da fundação de mosteiros e organiza o atendimento da população carente, quer pobre e desamparada, quer doente.

O período que se segue singulariza-se pela lenta desintegração do modo de produção antigo, pela diminuição da urbanização, pelo fortalecimento das relações agrícolas de produção servil, pela disseminação de idéias de ascetismo mórbido, de desprezo à vida terrena, proliferando a superstição e a credulidade, em meio à ignorância generalizada; é o momento (Idade Média) em que a Igreja se organiza, se institucionaliza, sendo uma de suas funções, que perduraria por muitos séculos, a assistência aos pobres e aos enfermos: na realidade, estabelecidos os mosteiros, cabia-lhes fornecer asilo e cuidar da saúde da população que vivia ao seu redor.

Alta Idade Média

A Alta Idade Média é caracterizada pelo início da "supremacia" da concepção da doença vista como castigo pelos pecados, relegando a segundo plano a "redenção" por ela obtida. Da mesma forma, a Igreja prega o desinteresse pelas coisas materiais, incluindo aí o próprio corpo, e a primazia da vida eterna sobre a terrena. As superstições, o desprezo pelo corpo e a proibição das dissecações de cadáveres aparecem como entraves ao avanço da medicina.

> A liberdade de investigação, a experimentação e a observação criteriosa (recomendadas por Hipócrates) deixaram de ser toleradas, limitando-se o conhecimento médico aos textos antigos aprovados pela Igreja (Coe, *apud* Silva, 1986: 36).

Os componentes dogmáticos da religião cristã, elemento ideológico da constituição do feudalismo, influenciaram as formas de organização da medicina e da enfermagem. A educação era monopolizada pelos mosteiros, onde se priorizavam o ensino da gramática, da retórica, da lógica, da aritmética, da geometria, da astronomia e da música, em detrimento da história e da ciência do laboratório, incluindo-se, nesse tópico, tudo que se referisse ao corpo humano. Assim os monges exerciam, em sua maior parte, a medicina sob o signo da "caridade"; entrementes, como a cirurgia era vista na condição de "imprópria" para eles (devido à necessidade de derramar sangue), tal atividade passou a ser assumida por leigos, vindo, posteriormente, a ser organizada em corporações de "barbeiros-cirurgiões". Acentua-se, dessa forma, a separação já existente entre medicina interna e cirurgia, o que perdura até o final do século XVIII. Diferenciadas técnica e socialmente, constituem-se em ofícios diversos cuja base é, na Idade Média, fundamentada em conceitos metafísicos:

> A divisão entre afecções que deveriam ser tratadas pelo "físico" e as de competência do cirurgião apoiava-se numa oposição entre o interno e o externo. Os objetos de intervenção cirúrgica (feridas, úlceras, fraturas, hérnias e "pedras") situavam-se na superfície do corpo ou em outros sítios acessíveis aos sentidos. Deviam ser exploráveis pela visão ou pelo tato. A medicina interna, em contraposição, elegia para si um espaço de sua atuação internalizado — a região imaginária dos fluidos e dos humores. Seus objetivos só se definiam conjeturalmente. Exigiam um saber amplo e universalístico. Desse modo, a divisão do trabalho entre essas práticas tomava por base o contraste entre o natural e o transcendental, o visível e o oculto, base sobre a qual assentava a supremacia do físico (Nogueira, 1977: 11).

Quando se situa fora da célula familiar, a enfermagem consiste em prática da "caridade": freiras, monjas, irmãs de "caridade" e outras denominações religiosas voltam-se às atividades complementares de assistência aos enfermos e desvalidos. Tal atuação é destituída de conhecimentos específicos e/ou da necessidade de adestramento particular.

Baixa Idade Média

Na Baixa Idade Média (considerada como 2ª fase da Idade Média pelos historiadores), as tendências anteriores exacerbam-se, antes de conhecer uma melhora. A doença e a morte têm uma visão extremamente negativa, sendo a primeira prelúdio da segunda: um encadeamento de fatos torna o "viver" e o "morrer" fenômenos aterradores. Sob esse aspecto, se destacarmos o início do século XIV como exemplo da época, podemos verificar que, de um lado, toda a geração de crianças e jovens é sacrificada numa sucessão de cruzadas, a fome grassa em grande parte da Europa, acumulam-se pestes e epidemias singulares, as populações enfraquecidas e desfalcadas não conseguem combater e minimizar as conseqüências de fenômenos, como os grandes incêndios, terremotos e outros flagelos da natureza; de outro, a Igreja acentua o terror de morrer, pois a morte é considerada o castigo de Deus para o homem, e visões de eterna tortura rondam os que não seguem as elevadas exigências de uma vida de "asceta ultradevoto". Como se isso não bastasse, tornam-se instrumentos oficiais de política administrativa da Igreja a tortura e a morte, com o aumento das atividades da Inquisição (Barbosa, 1990: 30-31).

Não apresentando uma defesa tecnológica eficiente, carecendo de controles e ajustamentos sociais adequados, desenvolvendo uma teologia em que a morte figurava como castigo imposto para o pecado do homem e uma arte e literatura que giravam em torno do momento da morte, com todos os seus riscos, dores e resultados concomitantes, o sistema mortuário da Baixa Idade Média (incluindo seus rituais de tratamento) deixava o indivíduo isolado diante do terror da morte:

> Tanto as crianças quanto os adultos estavam perfeitamente conscientes de que a morte os aguardava a um passo — os que

> ainda não sofriam de peste bubônica já estavam padecendo pela escassez de alimentos e pela agitação social generalizada que acompanhavam a aniquilação em massa. A mente do indivíduo tinha de absorver a vista e o prospecto da morte de forma particularmente perturbadora — a morte chegando prematura, a morte agarrando com a mão invisível, a morte infligindo tormento insuportável, a morte fazendo do homem um objeto repugnante para si mesmo e para os outros, até o delírio final (Kastenbaum, Aisenberg, 1983: 156).

Todos esses aspectos aterrorizantes têm início com o abandono das medidas sanitárias que vigiam durante a Antiguidade clássica, aliado à ausência de saneamento básico, péssimas condições de vida, elevada mobilidade populacional e crescente urbanização. Esses fatores favorecem a difusão de sucessivas epidemias, alcançando o auge com a Peste Negra, que dizimou cerca de um terço da população européia em meados do século XIV. Por sua vez, as Cruzadas, envolvendo sucessivas gerações de jovens, entre 1096 e 1244, acarretavam a necessidade de atendimento dos combatentes e dos peregrinos com seu cortejo de ferimentos e doenças.

As conseqüências de todo esse período para o cuidado com os doentes se fazem sentir em vários aspectos: na Baixa Idade Média, a mais importante realização educacional é a fundação das universidades, supondo-se que a mais antiga seja representada pela Universidade de Salermo, que, já em pleno século X, se apresenta como um centro de estudos médicos; em 1150, é fundada a Universidade de Bolonha, seguindo-se a de Paris, ao final do século XII. Esses centros de estudo são, no início, anexos às catedrais, assim como já o eram as bibliotecas e escolas em relação aos conventos. "O ensino da 'física'(medicina) estava restrito às universidades, e o de cirurgia era ministrado predominantemente nas diversas espécies de guildas cirúrgicas, estando estas subordinadas, em parte, àquelas" (Nogueira, 1977: 71-72).

> De um modo geral, as universidades medievais somente formavam médicos internistas. Respaldadas nas autoridades eclesiásticas, as faculdades médicas ditavam as normas que regiam o exercício da medicina interna e igualmente supervisionavam a prática dos cirurgiões, herboristas e boticários, para que estes não exce-

> dessem suas específicas atribuições. Assim, as faculdades médicas não só congregavam os interesses e objetivos corporativistas dos físicos, como também eram a instituição predominante dentro da organização social da medicina (Nogueira, 1977: 13).

As Cruzadas determinam:

> a fundação de hospitais para o atendimento dos peregrinos (destacando-se o Hospital São João de Jerusalém e o de Santa Maria Madalena) e a criação de ordens militares de enfermagem: a dos Cavaleiros de São João, a dos Templários, a dos Teutônicos e a dos Cavaleiros de São Lázaro (Jamieson, *apud* Silva, 1986: 38).

Em conseqüência da Peste Negra,

> a medicina redescobriu a história clínica e inventou a quarentena, surgindo os primeiros hospitais sob o controle municipal: o Hôtel Dieu, na França, o Hospital St. Thomas e o São Bartolomeu, em Londres. Essa inovação gerou a tendência de se criarem grupos civis de enfermagem (Jamieson, *apud* Silva, 1986: 37).

Obedecendo à divisão de importância entre medicina e cirurgia, as tarefas de enfermagem, como "cuidado" com os corpos feridos ou enfermos, não requeriam nenhum preparo e saber especializados, sendo atividades eminentemente manuais e, como tal, secundárias e destituídas de prestígio. Não apresentavam inovações em relação ao passado. Compreendiam:

> albergue, horas regulares, alimentação simples, água pura para beber, ervas medicinais (amiúde misteriosas, mas inofensivas), a lavagem das chagas, a vedação das feridas e algumas outras práticas elementares de enfermagem (Jamieson, 1966: 106).

Da mesma forma, dificilmente representavam vantagem econômica para aqueles que as executavam.

> Os cuidados de enfermagem (...) estavam fora da esfera das trocas econômicas. Estas, apesar de imprescindíveis, por constituírem complemento indispensável às atividades médicas propriamente ditas (tanto de físicos quanto de cirurgiões), não desfrutavam de reconhecimento social, *identificadas que estavam às tarefas domésticas* em geral.

Apesar de, quando exercidos por monjas e outras religiosas, estarem envoltos em uma

> aura de religiosidade (que exaltava os aspectos invisíveis da salvação das almas do doente e de quem o tratava), é preciso dizer que tais aspectos (embora ocultos) dependiam apenas da fé,

pois a atividade de "recuperar" ou dar conforto ao corpo era da esfera do "visível" (o grifo é nosso, sobre o texto de Silva, 1986: *passim*).

Visão geral

Concluindo, podemos salientar determinados aspectos marcantes no histórico da medicina e da enfermagem nesse período:

a) os tipos e os estados básicos de doença acompanham o homem desde sua permanência na Terra, e foram as necessidades diferenciadas de homens doentes que criaram a medicina e a arte de tratá-los e confortá-los. Estudos atuais de paleopatologia verificaram que infecções, infestações, distúrbios de desenvolvimento e de metabolismo, neoplasias e traumatismos perseguiam os seres humanos antes mesmo de as primeiras grandes civilizações terem desenvolvido tais patologias; mas foi nos mortos mumificados dessas que os estudos tiveram um grande impulso: esquistossomos foram descobertos em rins de egípcios que viveram há cerca de três mil anos; a tuberculose de espinha (originando a característica corcunda, decorrente do colapso de várias vértebras, conhecida como Mal de Pott) estava presente entre os egípcios antigos e os índios pré-colombianos. Da mesma forma, crâneos trepanados, observados principalmente entre os egípcios, demonstram o estágio dos tratamentos médicos da época. Hipócrates, em seu tratado *Medicina antiga*, afirmou que

> a arte da medicina nunca teria sido descoberta, nem qualquer pesquisa médica teria sido realizada — pois não teria havido necessidade de medicina — se os homens doentes tivessem tido o mesmo modo de vida e o mesmo regime, no que diz respeito à bebida e à alimentação, dos homens saudáveis e se o homem

doente não tivesse sido atraído por coisas consideradas melhores que estas. Mas o fato é que a simples necessidade levou os homens a procurarem e a encontrarem a medicina, pois os homens doentes não gozavam, e não gozam do mesmo regime dos homens saudáveis (*apud* Rosen, 1979: 49-50);

b) a incidência e a prevalência de doenças típicas, relativas aos tipos e processos básicos preexistentes (em sua maioria), variaram e variam de época para época e de lugar para lugar. O mundo em que vivemos e o relacionamento homem—natureza podem ser analisados por meio de nossas doenças e acidentes: a extraordinária devastação causada pela peste bubônica, principalmente a partir do século XIV (Huberman, 1974: 57), nos diz muito dos tipos de moradia, hábitos de higiene e modo de vida das populações da época; o raquitismo e o escorbuto (causados por deficiências alimentares) nos informam a respeito das condições de vida, dos aspectos da classe social e da dieta na época das grandes descobertas marítimas dos séculos XV e XVI; as doenças respiratórias, provocadas pelo pó de carvão, descortinam um panorama do início da Revolução Industrial; a conjuntivite de Welder, a doença dos chapeleiros, o mal dos mergulhadores, as varizes dos maquinistas, os problemas renais dos motoristas decorrem de características profissionais e modos de vida dos trabalhadores; as dermatites provocadas por tecidos sintéticos e por cosméticos, as deformações e os joanetes derivados de noções de estética (pés pequenos das chinesas) e dos calçados ligam-se a modas de maquiagem e de roupa; os problemas de coluna (deslocamento das cadeiras causado pelo bambolê) e o "cotovelo de tenista" espelham os aspectos lúdico e esportivo de uma sociedade; a disseminação da Aids e a caracterização dos grupos de risco falam muito de como a sociedade encara as relações sexuais, o consumo de drogas, os direitos das minorias, etc.; a guerra do trânsito, que aleija e mata mais do que ocorreu na Segunda Guerra Mundial, classifica os tipos de transporte e a "noção de tempo" da sociedade contemporânea. Para Rosen (1979: 51), o aparecimento de doenças em uma população e em uma época não é somente fruto do acaso: trata-se de um fenômeno específico que possui determinada etiologia, incidência, prevalência e mortalidade a serem estudadas de acordo com a idade, sexo, classe social, profissão, modo de vida ou outros fatores ligados, de uma forma ou de outra, à estrutura, à cultura e à psicologia de uma sociedade. Se a doença surge e afeta as condições ou as relações socias em que deve ser estudada enquanto tal e enquanto fenômeno, só é completamente inteligível em um contexto biossocial;

c) o fenômeno saúde-doença é visto de forma diferente, segundo as características do modo de produção imperante: as explicações mágicas e uma terapêutica impregnada de magia caracterizam o período de incipiente desenvolvimento das forças produtivas; explicações múltiplas — mágicas, religiosas, científicas —, terapêutica mais diversificada e o surgimento de uma categoria com "atribuições" específicas de cura ocorrem com o desenvolvimento concomitante das forças e relações de produção; a ligação de ambas — saúde-doença e terapêutica — à Igreja alcança seu apogeu com o desenvolvimento das relações servis do período feudal. Assim, no modo de produção antigo, "o feiticeiro" da "tribo" é substituído por uma categoria sacerdotal e por médicos-artesãos, desembocando, no feudalismo, em médicos "internistas" (clérigos) e corporações de barbeiros-cirurgiões;
d) a prática médica em todo o período pré-capitalista liga-se à constituição de um saber "esotérico", definido por um corpo particular de conhecimentos e de técnicas, desconhecido pela maior parte da população como um todo: inicialmente, constituído por pensamentos mágico-religiosos transmitidos oralmente, foi, a seguir, compilado nos livros sagrados do Egito Antigo, no Código de Hamurabi, nos Escritos Hipocráticos, nos trabalhos de Varron, Celso, Plínio, o Velho e Galeno, e assim por diante. Ora, o saber esotérico nas áreas de atividades que se apresentam como vitais para a sociedade propicia poder e prestígio, assim como sua ausência im-

plica a falta dos dois: "não há relação de poder sem constituição correlata de um campo de saber, nem saber que não suponha e não constitua ao mesmo tempo relação de poder". "O poder produz saber ..." (Foucaut, 1977: 30); mais explicitamente, poder-se-ia dizer "que o poder da classe dominante produz um dado tipo de saber que se caracteriza pelo esoterismo como meio de preservá-lo" (Silva, 1986: 40);

e) ao contrário da prática médica, a história da enfermagem pré-profissional (característica não só de todo o período pré-capitalista, mas parte da capitalista) é a história de uma prática social que se inicia com a divisão sexual do trabalho, atribuindo à mulher as atividades dómesticas: cuidar da casa, da prole, dos velhos e dos doentes. Destituída de qualquer conhecimento especializado próprio, a prática da enfermagem dependia do empirismo de mães de família, escravas ou monjas, dotadas do saber de "senso comum" disseminado no meio social em que viviam. O cuidar de uma casa e de seus diferentes habitantes — principalmente, crianças, velhos e enfermos — é atividade complexa que exige treinamento, e que se faz cotidianamente no âmbito familiar, reduzindo-se a uma parte integrante de socialização da mulher, de *toda* mulher, independentemente de classe ou *status* jurídico (cidadã, pessoa livre, escrava ou serva), pois, em maior ou menor grau, as mulheres deviam trabalhar *no lar* — aos homens reservam-se "os deveres 'nobres' da caça, da pesca, da guerra, da administração das cidades, aldeias e campo, de guardiões dos segredos mágico-religiosos da cura da enfermidade" ou do corpo de conhecimentos mágicos, religiosos e científicos a ela ligados, entre outros (Silva, 1986: 41). Dessa forma, sedimentada desde o início da vida familiar grupal e da divisão sexual do trabalho, a desvalorização social caracteriza as atividades "domésticas", nelas se incluindo as de cuidados com os doentes.

Intrinsecamente isentos do prestígio conferido socialmente às atividades especializadas de saber esotérico, seus agentes, todavia, recebiam ou não reconhecimento social, dependendo de quem fosse: leigos (mães, esposas, irmãs, escravos, escravas) ou religio-

> sos (diáconos, diaconisas, monges, freiras). Ora, se esse reconhecimento diferenciado não se ligava à prática exercida (cujas características se mantinham) mas a quem a exercia, posso concluir, conseqüentemente, que independia daquela (Silva, 1986: 41).

Quando determinados agentes de enfermagem tinham eventualmente prestígio social, como ocorre com os indivíduos ligados à religião durante o período feudal, esse deriva do prestígio desfrutado pela própria religião durante a Idade Média, e não da atividade exercida;

f) a correlação entre enfermagem e medicina, em todo período pré-capitalista analisado, é assimétrica: na maior parte do tempo, agiam independentemente, com objetivos não-coincidentes, revelados pela "meta" de "dar conforto" ao corpo (enfermagem), e "cura" (medicina); quando vistas na sociedade como um todo, predomina a subordinação da primeira em relação à última, principalmente em decorrência das características de cada uma: associada ao trabalho feminino, doméstico, sem "mistérios", "magia", conhecimento especializado — enfermagem — ou "prática transmitida", de um lado, e, de outro, sucessivamente ligada às práticas gerais de magia, corpo de conhecimento prático-teórico de importância no ginásio de esportes ou no campo de batalha, apanágio de uma corporação de ofício específico e dotada de um tipo de saber esotérico socialmente valorizado — medicina. Portanto, se a ambigüidade da enfermagem, como prática "feminina" e destituída "de poder e de prestígio", em contraposição à da medicina, está sendo hoje discutida, tal fato se deve ao seu passado histórico e à emergência atual da questão mais ampla de emancipação da mulher na sociedade.

Histórico da medicina e da enfermagem na sociedade capitalista

Tanto o desenvolvimento da medicina quanto as transformações por que passa a enfermagem têm início no "período de transição" que se segue ao final da expansão da economia feudal e sua gradativa substituição por um novo sistema produtivo — o capitalismo. Entendendo o desenvolvimento do capitalismo como classificado "numa série de estágios, caracterizados por níveis diversos de maturidade e cada qual reconhecível por traços bastante distintos" (Dobb, 1977: 30 e *passim*), interessam-nos as profundas mudanças que acontecem na Europa Ocidental a partir do século XV.

O período "de transição"

Modificações acentuadas ocorrem em virtude de catástrofes que assolam a Europa no século precedente (XVI), sendo as principais: a fome de 1315-1317, a Peste Negra e a Guerra dos Cem Anos (1337-1453): os sobreviventes encaram uma situação nova: a "valorização" da mão-de-obra; esta, por ser escassa, "encorajou as reivindicações dos trabalhadores agrícolas e urbanos" (Gimpel, 1977: 183), fazendo com que os arrendamentos pagos em dinheiro subistituíssem, em grande parte, o trabalho servil, e muitos camponeses conquistassem a emancipação completa, e a terra, "base da riqueza feudal", passa a ser "comparada", vendida e trocada livremente, como qualquer outra mercadoria (Huberman, 1974: 61). Dessa forma, se entre os séculos VIII e X (Alta Idade Média e início da Baixa) a economia da Europa é dominada pelas grandes propriedades, e desde o século XIII as rendas em espécie e em dinheiro passam a se impor, o "estímulo do mercado vai se tornando o principal fator no desenvolvimento da produção dos novos elementos na economia", no século XV (Hilton, em Sweezy *et al.*, 1977: 113-117).

Os grandes descobrimentos marítimos, na primeira metade do século XV, e a revolução agrícola subseqüente trouxeram a afirmação do valor da moeda (ouro e prata) e a alteração do modo de vida:

> A principal rota do comércio deslocou-se do Mediterrâneo para o Atlântico; ocorreu o aperfeiçoamento do sistema de crédito e do sistema bancário; as corporações entraram em declínio; aumentou extraordinariamente o suprimento de metais preciosos oriundos das colônias americanas (...). Essa revolução comercial gerou fortunas que formaram o alicerce para a grande expansão industrial dos séculos XVII e XVIII (Huberman, *apud* Silva, 1986: 43).

Por sua vez, a modificação na agricultura, abandonando o sistema de "faixas" típicas do período medieval, a introdução de raízes (como o nabo e o trevo), permitindo a alimentação do gado no inverno e o conseqüente aprimoramento de sua raça, a "extensão da cultura arável às charnecas e terras livres e a adoção do cultivo intensivo da terra para a produção de alimentos" implicaram, de um lado,

> a transformação da comunidade aldeã de lavradores auto-suficientes (em sua grande maioria) numa comunidade de trabalhadores agrícolas, cujos padrões de vida básicos vieram a depender mais das oscilações dos mercados nacional e internacional do que das condições climáticas (Deane, 1975: 50-51),

e, de outro, propiciaram o "fechamento das terras", que "despovoaram parte do campo", originando elevada parcela de mão-de-obra "livre", desprovida de terras, que mais tarde passou a ser aproveitada na "nascente indústria capitalista" (Huberman, 1974: *passim*).

O desenvolvimento das cidades, o surgimento da burguesia, sua aliança com o monarca, em defesa da autonomia dos burgos, enfraquecem a nobreza feudal, aumentando o poder dos reis e fazendo constituírem-se Estados nacionais de governo absoluto. Os marcos da ascensão da burguesia ao poder político são, segundo Huberman (1974: *passim*), a Revolução Inglesa (Cromwell, 1688) e a Revolução Francesa (1789). A invenção da imprensa foi outro fator desestabilizador, levando à difusão do conhecimento até então não-disponível à maioria das populações. Por sua vez, a Reforma Protestante cria uma nova ética para a burguesia emergente, radicalmente diversa da católica: a condenação da usura, do lucro e da riqueza (princípios escolásticos) é abandonada, passando os dois últimos (riqueza e lucro) a "sinais de predestinação", colocando os que se tornavam vitoriosos na profissão na condição de "eleitos de Deus", como analisou Max Weber em sua obra *A ética protestante e o espírito do capitalismo*. Se a cultura européia havia perdido sua unidade após a queda do Império Romano e sido lentamente reconstituída pela Igreja medieval, com base no latim, como língua dos homens eruditos, e na ética da Igreja, como valor universal, o estabelecimento dos Estados nacionais e a Reforma Protestante modificaram esse panorama: se a "Europa medieval foi denominada 'a Europa do latim e do cavalo', a partir do século XV não era mais a 'Europa do latim', embora permanecesse a 'Europa do cavalo' até o século XIX" (Hodgett, 1975: 250).

Em relação à esfera do saber, esse período de transição é conhecido como Renascença (na realidade, iniciando-se no século XIV e estendendo-se até meados do século XVII); é o momento de "volta às origens", o que implica uma mudança diante da vida e do mundo, retornando-se ao espírito "questionador" dos gregos clássicos; a observação e a experimentação tomando o lugar ocupado pelos dogmas: "os homens rebelam-se contra o escolasticismo religioso e deram-se conta de que a vida neste mundo tinha valor em si mesma e que valia a pena tentar melhorá-la, mais que esperar possíveis prêmios no futuro" (Coe, 1973: 206). Esse modo de pensar, aliado aos fatores descritos anteriormente, tem enorme força nas alterações da concepção sobre saúde-doença e nas técnicas e práticas terapêuticas, como observaremos a seguir.

Cronologia do desenvolvimento da medicina

Se o processo do desenvolvimento da medicina científica, que se firma com o modo de produção capitalista, não foi contínuo, uniforme e linear, trouxe, em sua construção, a coexistência freqüente "da ciência e do folclore, das explicações mágicas, religiosas e científicas, bem como de suas terapêuticas correspondentes" (Silva, 1986: 45). Entretanto, o "Renascimento marca o ponto de inflexão na atitude em relação à anatomia e ao corpo humano em geral": o conhecimento da anatomia, necessário para o tratamento dos doentes e dos feridos, avançou, "derrubando todos os tabus que o dominavam", fazendo o corpo humano pertencer "ao domínio do médico", mas o mesmo não ocorria com o cadáver, para o qual a atitude "obedecia a concepções estéticas, éticas e religiosas" (Sigerist, *apud* Silva, 1986: 45). Portanto, a Igreja da Idade Média representou um fator ambivalente para a medicina: colocou obstáculos ao seu progresso, mas garantiu, nos mosteiros, a preservação do saber médico da Antiguidade.

Por sua vez, o avanço do que se designa "revolução intelectual" substitui os ideais renascentistas — hedonismo, naturalismo, individualismo e humanismo, que "glorificavam" o humano e o natural, em contraposição ao divino e ao sobrenatural — por valores, dentre os quais desponta o racionalismo, entendido como o primado da razão — única fonte de conhecimento. A ciência passa a ser dotada de métodos experimentais, a princípio indutivos, com Galileu e Francis Bacon, a seguir dedutivos, com Descartes. Este último, assim como Newton e Locke, muito contribuiu para a "revolução intelectual". No século XVIII, surge o Iluminismo, que atinge seu apogeu na França, exercendo influência na física, e ocorrem avanços significativos na química e na medicina.

O quadro a seguir ilustra o modo como o conhecimento se solidifica, com exemplos significativos, desde o século XVI até a primeira metade do XX, na medicina como um todo.

QUADRO III
Marco do desenvolvimento da medicina

Séculos XIV a XVI	No século XIV, na Universidade de Bolonha, apesar das proibições de cunho religioso, cadáveres começam a ser dissecados. Entretanto, o objetivo principal consistia na demonstração ilustrativa dos textos existentes e não na pesquisa. É Vesálio quem, em meados do século XVI, investiga e descreve, de modo sistemático e global, a estrutura do corpo humano: suas pesquisas conduzem à objeção dos escritos de Galeno e outros mestres da Antiguidade.
Século XVII	O anatomista Harvey, professor do Colégio dos Médicos de Londres, descobre as leis da circulação do sangue pela dissecação de várias espécies de animais (1628); é o iniciador de estudos de fisiologia. Leeuwenhoeck inventa o microscópio, possibilitando, além do avanço da anatomia e da fisiologia, o surgimento da histologia (1673). Cowper é quem descreve o sistema muscular (1694).
Século XVIII	O saber médico se desenvolve rapidamente. São demonstradas a sensibilidade dos nervos e a ação dos sucos gástricos na digestão; descobrese a pressão sangüínea; desenvolve-se a autópsia; inventam-se o termômetro e o fórceps; a obstetrícia, a ginecologia e a cirurgia avançam; em 1761, Morgagni descreve a pneumonia, a litíase biliar, a meningite e o câncer; no final do século, em 1796, Jenner descobre a vacina contra a varíola, o que permite iniciar a primeira medida profilática, que se revela efetiva.
Século XIX e 1ª metade do século xx	Apresenta-se como principal fator o desenvolvimento da teoria bacteriológica, contribuindo, para tal, entre outros, os seguintes fatores: década de 50: as descobertas do mecanismo de difusão da cólera (Snow) e da febre tifóide (Budd); as descobertas de Pasteur, em 1870, e de Kock, em 1880; a invenção do raio X (Roentgen, 1895); a descoberta das etiologias da malária e da febre amarela (em 1895 e 1900, respectivamente); a descoberta, por Behring, das endotoxinas diftérica e tetânica (1901); a produção de remédios contra a sífilis (Ehrlich, 1908), da insulina (Banting, 1928).

Fontes: Burns, 1963; Coe, 1973; Silva, 1986 e Singer *et al.*, 1978.

O hospital e suas modificações

O hospital não permanece intocado por todas as mudanças que varrem a sociedade e alteram o modo de "pensar, sentir e agir" de seus componentes. Mais que em qualquer área, suas funções são transformadas, passando de um lugar de segregação e morte para outro, de "cura" e, na medida do possível, de "vida". E isso em um espaço de tempo relativamente curto.

Pouca dúvida resta que alguns templos da Antiguidade funcionavam como lugares voltados para o cuidado ao doente e ao acidentado; da mesma forma, as tendas armadas na retaguarda durante as campanhas militares romanas tinham o fim precípuo de "restaurar" a capacidade de luta do combatente. Outro, porém, era o panorama da Idade Média: se coube à Igreja, como tudo o mais que diz respeito à vida das populações, determinar que fossem criados hospitais em todas as cidades onde existissem catedrais, reforçada a "diretriz" pelas deliberações do Concílio de Cartago (século IV), e se como modelo se tomaram os hospícios judeus do período pré-cristão, esses lugares na época das Cruzadas estavam longe da eficiência das instituições muçulmanas, por exemplo, que impressionaram os que com eles entraram em contato (Rosen, 1979: 339). Ao contrário, a filosofia que origina tais locais, no Ocidente, pode ser descrita como "acumular, segregar, aguardar a morte e enterrar":

> O hospital que funcionava na Europa desde a Idade Média não era, por nenhum conceito, um meio de cura, nem havia sido concebido para curar. Na história do cuidado ao enfermo no Ocidente, houve, na realidade, duas classes distintas que não se superpunham, que às vezes se encontravam, mas que diferiam fundamentalmente, a saber: a médica e a hospitalar. (...) Até o século XVIII, o hospital era essencialmente *uma instituição de assistência aos pobres* e, ao mesmo tempo, *uma instituição de separação e exclusão*. O pobre, como tal, necessitava de assistência e, como enfermo, era portador de doenças e possível propagador destas. Em resumo, era perigoso. Daí a necessidade da assistência do hospital, tanto para recebê-lo como para proteger os demais contra o perigo de que o paciente era portador

> (...) o pessoal hospitalar *não estava destinado a curar o enfermo*, mas a conseguir a sua própria salvação. Era um pessoal caritativo (laico ou religioso) que estava no hospital para fazer obras de misericórdia que lhe garantiam a salvação eterna (os grifos são nossos, em texto de Foucault, 1978: 61-63).

É em decorrência da influência exercida pela burguesia ascendente, a partir do século XIII, que, sem abandonar a "área e o domínio" da Igreja (com monjes e freiras continuando aí a atuar), o hospital se torna cada vez mais uma jurisdição secular (Rosen, 1979: 348).

Com o fortalecimento do Estado nacional e após a Reforma Protestante que era contra o poder centralizador do Papa, a burguesia passa a considerar a atenção aos pobres e aos enfermos de responsabilidade das comunidades e não da Igreja.

Ainda para Rosen (1979: 354),

> o hospital, quando emergiu da época medieval, era essencialmente um instrumento da sociedade para minorar o sofrimento, diminuir a pobreza, erradicar a mendicidade e ajudar a manter a ordem pública. Em muitos lugares ele também surgiu sob administração diferente, sob a jurisdição do poder real, de uma municipalidade ou de alguma organização caritativa voluntária.

É esse segundo aspecto que se acentua, "empurrado" pela nova realidade econômica: "a irrupção do capitalismo comercial e, logo depois, do capitalismo manufatureiro" desorganizou profundamente uma sociedade que, até então, podia "tomar conta de seus necessitados", por intermédio da Igreja; agora, com a ordem feudal decompondo-se, o Estado, paulatinamente, teve de assumir o cuidado e o controle dos marginalizados, entre eles, os doentes (Singer *et al.*, 1978: 17).

É em meados do século XVII, principalmente na Holanda, que surge a idéia de se utilizarem os hospitais *como locais de tratamento dos doentes*, centros de estudos da doença e educação prática dos médicos. Portanto, uma mudança fundamental ocorre na função de tais instituições: além de possibilitar a análise das doenças, permitindo ao médico desenvolver sua capacidade, elas passam a ser também um lugar onde não apenas se segrega o doente para impedi-lo de disseminar seus males pela sociedade, mas para curá-lo.

Os primeiros hospitais que assim se colocam são os marítimos e os militares: por serem "lugares de desordens econômicas, de tráfico e de epidemias que poderiam se propagar, causando grandes prejuízos às instituições" (Melo, 1986: 40). As medidas pioneiras, necessárias para efetivar as novas funções, recaem no aspecto da disciplina, como exige o modo de produção emergente, com distinta forma de dominação:

> A minúcia dos regulamentos, o olhar esmiuçante das inspeções, o controle das mínimas parcelas da vida e do corpo darão em breve, no quadro da escola, do quartel, do hospital ou da oficina, um conteúdo laicizado, uma racionalidade econômica ou técnica (...); a vigilância médica das doenças e dos contágios é aí solidária de toda uma série de outros controles: militar sobre os desertores, fiscal sobre as mercadorias, administrativo sobre os remédios, as rações, os desaparecimentos, as curas, as mortes, as simulações (Foucault, 1977: 129-132).

Da mesma forma, o saber médico, em fase de rápida mudança e disseminação, encontra nos hospitais amplo campo de estudos, experimentação e desenvolvimento. É ainda Foucault, em outra de suas obras (1978: 64-72), quem chama atenção para o fato de que, em vista dessa nova forma de dominação, cujo aspecto mais visível repousa na disciplina disseminada pelas instituições da sociedade, ela exige que o médico, agora dotado de novos e mais amplos conhecimentos, seja depositário (porque confiável) da autoridade. Assim, se o médico se instala no hospital, com ele se instalam o "saber" médico e a "autoridade":

> A partir da transformação técnica do exército, em fins do século XVII, o hospital militar converteu-se em uma questão técnica e militar importante. (...) A reordenação desses hospitais não partiu de uma técnica médica, mas sim, essencialmente, de uma tecnologia que poderia denominar-se política: a disciplina. (...) A introdução dos mecanismos disciplinares no espaço confuso do hospital permitiu sua medicalização. (...) Mas se essa disci-

> plina adquire caráter médico, se esse poder disciplinador se confia ao médico, deve-se também a uma transformação do saber médico. (...) É no ajuste destes dois processos — o deslocamento da intervenção médica e a aplicação de disciplina no espaço hospitalar — onde se encontra a origem do hospital médico. (...) Portanto, o saber médico (...) começa a ocupar um lugar, não nos textos, senão no hospital. (...) Com efeito, [no hospital] é o indivíduo que será observado, vigiado, conhecido, curado. O indivíduo surge como objeto do saber e da prática médica.

Aos poucos, impulsionado pelo desenvolvimento da medicina, o hospital modifica-se, agregando conceitos referentes à necessidade de separação de doenças, de economia administrativa e de lógica de ensino, e dependências relativas a dispensários, serviços de maternidade, salas de operações, etc., refletindo a necessidade de ter à mão os "meios de agir", noções de isolamento (de doenças contagiosas) e assepsia. Em tempo relativamente curto, se comparado à Idade Média e ao Renascimento, lançam-se as bases do que viria a ser o hospital moderno.

A enfermagem

Se no pré-capitalismo e no período de transição, quando a Igreja se institucionaliza, o trabalho de enfermagem, fora do lar, "consistia em alimentar o faminto, dar água ao sedento, vestir o despido, visitar o prisioneiro, abrigar o desabrigado, cuidar do doente e sepultar o morto" (Almeida, Rocha, 1986: 16), em outras palavras, se a enfermagem se confundia com as demais obrigações cristãs prestadas por religiosas e leigas "caridosas" à legião de "miseráveis" da época e se, mesmo durante o início do Renascimento e a progressiva "secularização" dos hospitais, tal visão permanece, a Reforma Protestante vem apenas acentuar o que muitos autores denominam o "período negro da enfermagem" ou um "período de obscuridade e decadência". Muitos hospitais, até então a cargo de ordens religiosas seculares, são fechados — somente na Inglaterra, sob Henrique VIII, mil deles são "desfeitos" (Paixão,

1963: 67). O conjunto de tarefas exercidas não constitui um saber especializado, tornando-se, ao contrário, mais simples e menos eficiente; a Inquisição volta-se à caça às bruxas acusadas do delito de curar, e o recrutamento de pessoal leigo para os serviços de enfermagem ocorre de forma a aviltar essas tarefas. Vejamos algumas análises referentes a tais aspectos.

Segundo Jamieson *et al.* (1966: 129-130),

> construíram-se novos hospitais, mas o fato é que condições insalubres os convertiam em fonte de muitas daquelas epidemias que contribuíram para manter a esperança de vida a um nível médio tão baixo como o de uns dezoito anos (...). Dentro daqueles muros tristes, quase sem janelas, havia salas amplas para uma centena de pacientes, cada uma. As mulheres e os homens nem sempre estavam separados, e as enfermidades só raramente. Não era incomum que o doente fosse posto numa cama ocupada por vários companheiros, estando talvez os mortos ou os que deliravam lado a lado, junto com aqueles que viviam ainda e conservavam o uso da razão (...). Nas salas dessa classe, as camas estavam tão próximas umas das outras que, mesmo se houvesse tido pessoal para efetuá-lo, *o asseio era praticamente impossível*. Todo tipo de sujeira se ajuntava e permanecia sob as mesmas (...). *As práticas de enfermaria, por simples que fossem até ali, tornaram-se mais simples ainda*. Os pés e o rosto, que anteriormente eram lavados antes que um pobre afetado pela doença ocupasse uma cama do hospital, vindo da rua suja, eram agora deixados sem lavar. Os banhos de cama nem eram tentados (grifos do autor).

Da mesma forma que a "condição da arte de enfermagem", e o "bem-estar do paciente", o *status* das enfermeiras cai para um "indescritível nível de degradação":

> As mulheres que encontravam emprego como enfermeiras nos hospitais eram as que nem serviam para a indústria. Eram imorais, bêbadas e analfabetas. Uma decadência na qualidade do serviço público para os doentes, observada já a partir dos fins da Idade Média, foi-se fazendo cada vez mais pronunciada. Colocou-se agora de manifesto uma mudança na organização do serviço hospitalar. O serviço, que foi durante muitos séculos gra-

> tuito, passou, lentamente, a ser pago. (...) As enfermeiras recebiam um pagamento e uma comida exíguos. Em troca, esperava-se muito delas. O trabalho da casa, a esfregação e a lavagem das roupas absorviam uma grande parte do tempo, as horas de serviço oscilavam entre doze e — em algumas ocasiões — quarenta e oito horas seguidas (Jamieson *et al.*, 1966: 129-130).

A Inquisição, no período conhecido por "caça às bruxas", move perseguição implacável àquelas mulheres que considerava "ter artes com o demônio", em conseqüência de "curarem" os enfermos.

> Os métodos das curandeiras "bruxas" e seus resultados consistiam em uma grande ameaça [à Igreja Católica e à Protestante], pois elas foram empiristas: confiavam mais em seus sentidos do que na fé ou na doutrina, acreditavam na tentativa e no erro, na causa e efeito (Ehrenreich, English, *apud* Melo, 1986: 36).

Ora, a relação causa-efeito já fora apregoada por Hipócrates, na Antiguidade clássica, mas a Igreja da Idade Média monopoliza a "arte de curar", cercada mais por "dogmas" do que por "conhecimento" das causas da doença; assim, as curandeiras e as parteiras que serviam à população (principalmente a camponesa) foram de tal modo estigmatizadas como "bruxas" que, entre os séculos XVII e XVIII, os barbeiros-cirurgiões, fundamentados em sua "superioridade técnica" pela utilização de fórceps cirúrgicos, reivindicaram para si o "direito" de realizar partos.

Como resquícios da organização religiosa dos hospitais, permanece a designação diferenciada entre, de um lado, as que dirigem o serviço de enfermagem (*matron*) e as que se encarregam das enfermarias (*sister*) e, de outro, a "coordenadora" e a "executora" dos cuidados de enfermagem. É o germe da divisão social do trabalho — a valorização diferenciada entre trabalho "intelectual" e "manual" — que se acentua com a Revolução Industrial.

Sob um outro aspecto, a influência da Revolução Industrial também se faz sentir: a economia de mercado, o número sempre crescente de fábricas, o processo de urbanização e o surgimento das grandes cidades geraram novos problemas de saúde, principalmente aqueles ligados às péssimas condições de moradia e de trabalho. Outro fator relevante consiste na perda da independência das antigas populações rurais: enquanto habitantes do campo, produzindo diretamente seus meios de subsistência e estando dispersos por áreas grandes, dificilmente sucubiam à desnutrição crônica, ficando menos sujeitos e, talvez, até mais resistentes às epidemias. Na cidade, esses fatores desaparecem, os contágios são freqüentes, as condições de trabalho brutais e os meios de sobrevivência escassos. Vejamos como Singer *et al.* analisam o fenômeno: nas cidades, "não só a aglomeração como o embrutecimento e a intemperança eram inevitáveis". Por sua vez, as enfermeiras, decorrentes das condições que cercavam os processos de industrialização e de urbanização,

> não afetavam apenas o proletariado, mas também as classes dominantes. Em primeiro lugar, eles não ficavam imunes às epidemias que grassavam nos novos centros industriais. Em segundo lugar, as más condições de vida e de saúde deveriam reduzir significativamente a produtividade do trabalho. E, em terceiro lugar, a situação desesperadora em que se encontrava a classe operária era terreno fértil para movimentos de revolta, que punham em perigo a ordem constituída.

Portanto, a classe dominante tomou consciência de que, para proteger sua própria saúde, deveria diminuir as epidemias: que se teria de criar condições mínimas para a reprodução da força de trabalho, de modo sistemático, e a preservação da capacidade de trabalho dos operários; que a continuação de seus privilégios e de seu patrimônio exigia a manutenção da ordem vigente. Dessa forma, coube ao Estado minorar tal situação:

> Toda uma legislação foi criada, tendo por fim limitar a exploração do trabalho, proteger os membros mais fracos da classe operária — mulheres e crianças — e garantir a continuidade do fornecimento da força de trabalho. Dentro desse contexto, torna-se claro que a reprodução do capital passou a "necessitar" de serviços de saúde verdadeiramente eficazes. O seu papel passou a ser — pois não o era antes — o de garantir a reprodução da capacidade de trabalho (Singer *et al.*, 1978: 21-22).

Conclui-se que, a partir de certos níveis e determinadas circunstâncias, o processo de reprodução capitalista não pode prescindir de "serviços de saúde relativamente eficazes e de uma política de cunho preventivo", no que ela tem de mais simples e imediato (Silva, 1986: 50).

É sob o signo dessas modificações que duas práticas, até então independentes, vêm a encontrar-se no mesmo espaço geográfico — o hospital — e no mesmo espaço social — o doente —, passando a interagir no marco da hierarquia e da autoridade e subordinação, assimilando a divisão social e sexual do trabalho.

> Todo o trabalho direto de assistência ao doente comporta inúmeras funções manuais, e são essas as primeiras a se separarem, subordinadamente, do trabalho médico [no hospital], constituindo a enfermagem (Gonçalves, 1974: 193).

Ora, a divisão social do trabalho, mesmo sem nenhum fundamento técnico, mas reproduzindo a hierarquia militar e dos conventos, estabelece-se primeiro entre religiosas e leigos, que constituem o pessoal de enfermagem, e depois entre os que coordenam e supervisionam todo o serviço do hospital e os que executam o trabalho. É evidente a interação entre as duas esferas: cabe geralmente às religiosas o trabalho "intelectual", ao passo que os leigos, voluntários ou trabalhadores mal remunerados realizam todo o trabalho manual, a limpeza e o preparo de alimentos. A mais acentuada separação hierárquica dá-se no marco do hospital (desde que este se tornou centro de atuação e de ensino da medicina), entre o pessoal médico e o de enfermagem, mas ambos se profissionalizam: as exigências de um hospital eficiente e eficaz assim o determinam. Segundo Melo (1986: 42), "a prática da enfermagem (...), assumindo as funções técnicas manuais" que, de certa forma, compunham um aspecto "complementar" do trabalho médico, transforma o hospital

> numa instituição voltada para o enfermo e para sua cura. No entanto, a nova enfermagem profissional se subdivide, reproduzindo as classes sociais dos novos agentes da profissão: as enfermeiras que ensinam, coordenam e supervisionam, e as enfer-

meiras executoras de cuidados, oriundas de classes sociais diferenciadas.

Ao alvorecer do século XIX, esse panorama domina a maior parte do Ocidente. Foi necessária mais uma guerra, a da Criméia (1854-1856), para que a enfermagem se tornasse moderna, com a figura de Florence Nightingale.

Durante os embates, grande mortalidade de combatentes ingleses deveu-se às condições primitivas em que funcionavam os hospitais militares. A nação tomou conhecimento desse fato com as reportagens de correspondentes de guerra da época, sobressaindo-se o relato de que os hospitais militares, ao contrário da mais comum das enfermarias de asilos, não possuíam sequer utensílios rudimentares, e que "os homens têm de morrer porque os quadros médicos do exército britânico se esqueceram de que são necessários trapos velhos para pensar os ferimentos" (Seymer, s. d.: 46). Além disso, não dispunham de enfermeiras "regulamentares", mas os indivíduos, que não se adaptavam às fileiras do exército, eram designados para a função. Em conseqüência, Nightingale e sua equipe de enfermeiras são convidadas pelo ministro da Guerra, Sidney Herbert, para organizar os serviços de enfermaria dos hospitais militares. O êxito não se faz esperar: de 40%, a morte de combatentes feridos baixa para 2% (Molina, 1973: 81).

Com sua experiência anterior, aliada à obtida durante a guerra, Florence Nightingale firma as bases da enfermagem moderna, e seus princípios se difundem por vários países, revestindo-se de especial importância para nós, pois enfermeiras americanas, formadas segundo esses princípios, vieram ao Brasil com a finalidade de organizar e instalar a primeira escola de enfermagem.

O Sistema Nightingale

Após sua consagração como heroína de guerra, foram oferecidas a Florence Nightingale condições econômicas para fundar a primeira escola destinada a formar pessoas com vistas a uma prática de enfermagem, redimensionada quanto ao seu papel, importância e saber.

Em relação ao primeiro aspecto, a própria Florence (*apud* Almeida, Rocha, 1986: 41) explica, segundo a colocação das autoras:

> Em 1893, Nightingale claramente distinguiu dois tipos de enfermagem: uma, que ela nomeou de "a própria arte de enfermagem", que é "arte de cuidar do doente", descrita como "geralmente praticada por mulheres sob a direção de cientistas — físicos e cirurgiões". A outra ela nomeou "enfermagem de saúde ou enfermagem geral", que é a arte da saúde,

sendo que esta última deve ser do domínio de toda mulher — mãe, esposa, jovem, senhora, babá, professora, governanta, etc. —, no seu dia-a-dia. Cabe à enfermeira "reconhecer as leis da vida, as leis da saúde, assim como as leis da doença, a causa das doenças, os sintomas da doença, já que os sintomas podem ser, não da doença, mas da enfermagem má ou boa".

Nos escritos de Nightingale em relação à importância da enfermagem, sobressaem os conceitos referentes ao ambiente. A ordem é diminuir os efeitos negativos que o ambiente do próprio hospital causa; e isso as enfermeiras conhecem bem, pois, há muito mais tempo do que os médicos, atuam no hospital. Não só o controle do meio ambiente que cerca o paciente pode ser obtido pela ação da enfermeira, mas a vida do hospital deve ser regulamentada e normatizada, e, para isso, é essencial a disciplina incorporada como elemento-chave à prática da enfermagem:

> É preciso individualizar e distribuir os doentes em um espaço onde possam ser vigiados e onde seja registrado o que acontece; ao mesmo tempo, modificar-se o ar que respiram, a temperatura do meio, a água que bebem, o regime, de modo que o quadro hospitalar que os disciplina seja um instrumento de modificação, com função terapêutica.

Sendo uma instituição, o hospital deve funcionar com precisão, todos tendo suas funções delimitadas e exercendo-as com conhecimento. Para disciplinar o ambiente antes confuso do hospital e as condições que cercam o doente lá, é preciso introduzir, na formação das próprias enfermeiras — antes indisciplinadas, incapazes e decadentes —, elementos de vigilância, controle e organização: em suma, disciplina.

Quanto ao saber, Nightingale opunha-se a que enfermeiras tivessem acesso ao conhecimento do profissional médico: não desejava que as tarefas da enfermeira se confundissem com as do médico, nem que aquelas se apresentassem com "grotesca semelhança" com as últimas, ou que houvesse disputa de "competência", "espaço" ou "funções". Para ela, o "saber" transmitido no treinamento referia-se a

> ensinar à enfermeira o conhecimento de todo o seu trabalho, que é observar com exatidão, compreender, saber exatamente, fazer, contar exatamente, nos estupendos problemas de vida e de morte, saúde e doença. Treinamento é capacitar a enfermeira para agir da melhor forma na execução de ordens, não como máquina, mas como uma enfermeira. (...) Treinamento é torná-la não-servil, mas fiel às ordens médicas e de autoridades. (...) Treinamento é ensinar à enfermeira como executar as atividades sob o nosso controle que restauram a saúde e a vida, em estreita obediência ao poder e ao conhecimento dos físicos e cirurgiões... (Nutting, Dock *apud* Almeida, Rocha, 1986: 45).

Portanto, impede-se o acesso da enfermeira ao "saber médico", subordinando-a à autoridade, derivada da competência, do "físico e cirurgião", delimita-se uma área de atuação, agora com um conjunto de "conhecimentos" teórico-práticos, e cria-se um espaço "social" para a enfermeira, predominantemente no hospital — espaço este que não poderá ser contestado, nem diminuído, nem rebaixado.

A escola de enfermagem, denominada Escola de Nightingale, foi fundada junto ao Hospital St. Thomas, em Londres, na segunda metade do século XIX, servindo de modelo para um grande número de similares, organizadas na própria Inglaterra e fora dela. Seleção criteriosa, estada probatória de um mês, curso básico de um ano com ensinamentos de anatomia, fisiologia, química, abreviações latinas, farmacologia e enfermagem, além de culinária, seguidos de outros dois para as *nurses*, e de três para as *ladies-nurses*, compunham o quadro básico, aliado ao regime de internato, de rigorosa disciplina, cuja finalidade consistia em incutir nas alunas os traços de caráter que Florence, em oposição ao que vigia na época, julgava essencial para uma boa enfermeira: "sobriedade, honestidade, lealdade, pontualidade, serenidade, espírito de organização, correção e elegância" (Carvalho, 1972: 33). Na Escola Nightingale, destacam-se duas classes distintas no processo de profissionalização da enfermagem: a das *nurses*, oriunda do lúmpen-proletariado, destinada ao serviço "pesado e grosso" — limpeza (banhos de cama e trocas de roupa do leito), alimentação (quando necessária a intervenção de outrem), ministração de medicamento e outros similares, e a das *ladies-nurses*, cuja origem é da pequena burguesia, da burguesia e até da aristocracia, cuja função abrangia as tarefas "nobres" do ensino, da administração hospitalar, da supervisão das *nurses* e serviçais; portanto, se a atuação das *nurses* as liga ao *cuidado direto* dos pacientes, a das *ladies-nurses* só ocorre indiretamente. Essa dicotomia reflete-se em vários aspectos: o da maior ou menor valorização social (*status*); o da oposição do trabalho intelectual e manual; o da reprodução do processo de dominação emanada da estratificação social e o da exploração econômica (remuneração mais baixa para as *nurses*).

Tanto Carvalho (1972) como Paixão (1979) e Silva (1986) concordam que o "Sistema Nightingale" ou os "princípios nightingalianos" podem ser expressos em três aspectos:

a) preocupação excessiva com a conduta das alunas, que se manifesta por exigências relativas à maneira de se comportar, de se trajar e à postura física. Compreende-se tal concepção (que tem resquícios em nossas escolas de nível superior, no ensino da enfermagem), tendo em vista que o processo de secularização da enfermagem (iniciado no século XVI) desembocou nos aspectos já relatados de decadência física e moral (imortalizados nos personagens dickenianos de Sairey Gamp e Betsy Prig): o puritanismo da era vitoriana na sociedade inglesa, aliado à necessidade de transformar a prática da enfermagem em uma profissão, exigia uma supervisão rigorosa. Disso decorre a pressão para a construção de uma "nova imagem", associada ao desempenho técnico, com a incorporação de valores — como altruísmo, abnegação, sacrifício, pureza, integridade e humildade e maneiras de agir que não sejam depreciadas num mundo em que a ciência começa a impor seu domínio. Na prática, cria-se uma espécie de "Boletim Moral" (anotações da superiora sobre "caráter" e "realizações" da aluna), cuja importância ombreia com o "Boletim Técnico" (voltado para o "conhecimento" e a "prática");

b) recomendação para que as escolas de formação de enfermeiras sejam dirigidas pelas próprias enfermeiras e não por médicos. Essa preocupação, surgida com o próprio processo de profissionalização da enfermagem, e que subsiste até nossos dias, demonstra um *esprit de corps* até certo ponto equivocado, pois a simples transmissão de conhecimentos não significa, *de per si*, a inexistência de uma área de atuação e de um corpo de saber específicos, nem a subordinação ao domínio do conhecimento médico;

c) exigência de um ensino teórico sistematizado e de autonomia pedagógica e financeira. A importância desse terceiro princípio é examinada por Silva (1986: 54): "a autonomia financeira constitui um requisito básico para a autonomia pedagógica. A preocupação com o ensino teórico sistematizado, por sua vez, objetiva evitar que as estudantes de enfermagem sejam maciçamente utilizadas como mão-de-obra nos hospitais", barata e sem qualificação, desvirtuando sua finalidade e rebaixando sua especialização profissional.

Visão geral

Sintetizando, os principais fatores que, no período descrito, contribuíram para a evolução da medicina, para profissionalização e modernização da enfermagem são:

a) *alteração profunda no conceito "saúde-doença"*: porém, somente a partir dos fins do século XIX, essa visão é *nova*. Em outras palavras, à medida que as explicações de caráter religioso vão perdendo sua hegemonia, o que emerge é a volta às concepções de "desequilíbrio humoral" (afirma-se que o próprio Harvey permaneceu adepto da teoria dos humores), em conseqüência da redescoberta da medicina hipocrática; portanto, se a doença, saindo da esfera do "sagrado", volta a ser percebida como de origens naturais, sua "explicação" continua a mesma — desequilíbrio humoral —, apesar de a terapêutica incorporar as novas descobertas ao campo da anatomia, histologia, fisiologia, etc. e da invenção de instrumentos diversos. Com o desenvolvimento da teoria bacteriológica, é que a transformação se torna radical: a medicina passa a fundamentar suas expliações (assim como suas indagações) nas descobertas das relações causais entre os microorganismos vistos, analisados, estudados e pesquisados em laboratório e as doenças. É preciso frisar que no contexto da "explosão" industrial de meados do século XIX determinados autores, como Virchow, Newmann, Villermé e outros, intuíram que certas doenças eram decorrentes das condições socioeconômicas, da atividade de trabalho e de moradia da classe operária, o que envolve as condições globais referentes aos aspectos sanitários das residências; é o alvorecer da medicina como ciência social: sem desmerecer as descobertas dos bacteriologistas, afirma que a relação é mais complexa do que uma simples causa-efeito entre microorganismos e disfunções (doenças). "Atualmente, a explicação biologista coexiste com explicações que enfatizam os aspectos econômico-sociais na etiologia das enfermeiras, embora mantenha ainda seu caráter hegemônico" (Silva, 1986: 50).

b) *a perda do poder da Igreja de impor uma visão dogmática ao saber médico*, visão que se refletia na terapêutica e no hospital como local de "caridade" (e morte) e não de estudo da doença e "cura". Ao mesmo tempo que reproduzia cuidadosamente, no isolamento dos claustros, os compêndios de medicina da Antiguidade greco-romana, a Igreja (única e totalitária) proibia todo o desenvolvimento dos conhecimentos que implicasse a "profanação" do corpo humano, que, mesmo após a morte, "é feito à imagem e semelhança de Deus", dele partindo toda "saúde e doença".

Se o acúmulo do saber não contrariasse os dogmas e não misturasse o trabalho do "físico" com o do cirurgião-barbeiro, a Igreja permitia o avanço, mas dele se "apropriava": em momento algum admitiu que mulheres parteiras ou curandeiras prestassem auxílio à população, à revelia do caráter religioso da assistência social e assistência à saúde dos pobres, como o demonstram os inúmeros processos por bruxaria;

c) *a transformação do modo de produção* aumentou, sobremaneira, o número de marginalizados, forçando o Estado a assumir, paulatinamente, as funções de "cuidados médicos" e de controle, pois o capitalismo emergente necessita de reprodução de mão-de-obra e de sua capacidade funcional para a própria expansão do capital e sua acumulação. Segundo Silva (1986: 48-49),

> sob o capitalismo, a área de saúde desprende-se institucionalmente da assistência social genérica (...), passando formalmente para a responsabilidade do Estado, cujas formas de assumi-la estão intimamente vinculadas às necessidades materiais do sistema produtivo, bem como das forças políticas envolvidas no problema. Nesse modo de produção, a medicina perde seu caráter religioso, para articular-se direta ou indiretamente com a esfera produtiva. Não é mais a salvação das almas (dos doentes e de quem os trata) o objetivo principal (explícito) das atividades médicas e de enfermagem, mas a conservação e adaptação da força de trabalho às exigências de uma economia de reprodução ampliada, a salvação dos corpos necessários ao setor produtivo. (...) Fica claro, portanto, que o processo de reprodução capitalista, a partir de certos níveis e circunstâncias determinadas, não pode prescindir de serviços de saúde relativamente eficazes e de uma política sanitária de cunho preventivo;

d) *a mudança na recepção do hospital*, o que desviou o "enfoque" da caridade e da salvação das almas, dos doentes e de quem os "cuidava" para o estudo das doenças e bem-estar do paciente. O ato de curar congrega todos os esforços. Paralelamente, o hospital, como instituição, separa-se do conceito, da finalidade e do poder religioso, tornando-se paulatinamente secular, pago, englobando o atendimento das classes abastadas. Os últimos dois aspectos, por sua vez, aceleram a concentração de esforços na procura de explicações, relações e processos de cura para as doenças, incentivam as pesquisas, as descobertas de técnicas e medicamentos, as invenções, os aperfeiçoamentos e as alterações da "tecnologia" que cerca o trabalho com o doente. Sob o aspecto da medicina, nasce o hospital moderno, que se desenvolverá sob dois outros aspectos — o da disciplina e o da hierarquia. Coe, Rosen, Guimarães *et al.* e Silva analisam essa mudança do hospital: "de asilo e hospedaria de deserdados", a instituição passa a "centro de estudos, pesquisas e tratamento da moderna medicina"; nesse processo, diversifica sua clientela: não mais abrigo de desprivilegiados, mas local procurado por "membros das classes abastadas, pagando pelos serviços recebidos". Visto de outro ângulo, o hospital moderno transforma-se de "*locus religiosus* e templos da morte" em "centro de cura, templo das ciências biológicas e da tecnologia mais avançada, onde cotidianamente se trava uma luta silenciosa e tensa pela vida"; torna-se "*locus* privilegiado para o estudo, a prática e o ensino da medicina e da enfermagem contemporâneas";

e) *o desenvolvimento da disciplina e da hierarquia no âmbito do hospital*, o que, na realidade, corresponde à reprodução, no microcosmo do hospital, da divisão social do trabalho e da estratificação da sociedade em classes. Sob a égide da religião, os hospitais do período medieval pouco conheciam da disciplina necessária à execução e coordenação de trabalhos diferenciados, pois tais lugares se prestavam mais à caridade, à solidariedade e à salvação das almas. A própria hierarquia dos mosteiros aí reproduzida, temperada pela humildade, de um lado e, de outro, pela inexistência de diferenciação, separação ou especialização das funções, reduzia o universo dos hospitais a duas categorias: a dos doentes e a daqueles que deles cuidavam, sendo que entre os últimos, praticamente, não aparecia distinção de competência. É com a emergência dos valores burgueses e a concentração, no espaço físico do hospital, das diferentes profissões — físicos, barbeiros-cirurgiões, enfermeiras e pessoal administrativo — que se firmam a hegemonia da disciplina (copiada dos quartéis, mosteiros e "oficiais") e a separação hierárquica das funções. Por sua vez, o desenvolvimento dos conhecimentos e da prática da medicina e da enfermagem leva a uma subdivisão constante das tarefas e à exigência do aumento de pessoal especializado para executálas: as transformações na divisão técnica do trabalho levam à especialização das funções e à hierarquização dos papéis, por critérios mais sociais (divisão do trabalho "intelectual" e "manual") do que de pura "competência";

f) *a convergência de duas práticas, até então independentes, a médica e a de enfermagem*, como resultado da mudança operada na finalidade dos hospitais. De práticas domésticas, não diferenciadas dos demais afazeres do lar, passando por atividades de caridade e trabalhos manuais, destituídas de conhecimento, de prestígio social e mal remuneradas, as funções de enfermagem firmam-se, à medida que convivem com a prática dos médicos, consistindo em cuidados anteriores, "complementares" e posteriores na tarefa conjunta de tratar o enfermo. As áreas de atuação vão se definindo e, a partir, principalmente, dos "princípios nightingalianos", desenvolvem-se paralelamente com o avanço da atividade médica e das ações suplementares dos laboratórios, da farmacologia e outros. É preciso, entretanto, frisar que essa "convergência" de medicina e enfermagem se fez em forma de subordinação e não de "parceria": "(...) a categoria das enfermeiras, definindo-se historicamente como profissão feminina, tem ocupado um *status* subordinado ao da categoria médica, definida (ainda) na sociedade ocidental como profissão masculina" (Silva, 1986: 57). Resta saber até que ponto o objeto dessas profissões — o paciente — tem perdido, em decorrência dessa divisão do trabalho entre sexos, parte da divisão mais ampla do trabalho social ...

g) *a divisão do trabalho no marco do hospital, propiciando a especialização das diferentes funções*. Uma parte da especialização, a da profissão médica, pode ser vista no fatos marcantes que ocorrem ao longo do desenvolvimento da medicina, com o surgimento dos diferentes campos de estudo e pesquisa (ver Quadro III). A outra decorre da complementação da atuação direta no marco do hospital, agregando áreas complementares, como raio X, anatomopatologia, exames laboratoriais, preparação de medicamentos, etc. A terceira, a que nos interessa mais de perto, fundamenta-se na separação das próprias atividades da enfermagem: "quando surge a enfermagem moderna (...), ocorre a divisão técnica (e social) do trabalho, bem delineada, entre as enfermeiras propriamente ditas (...) denominadas *profissionais de enfermagem* e os *ocupa-cionais de enfermagem*, divisão esta que se acentua" com o surgimento, "em nível profissional, de especialidades, como enfermagem de saúde pública, médico-cirúrgica, obstétrica e pediátrica" (Silva, 1986: 65). Por sua vez, essa diferenciação não se faz sem atritos:

> A introdução de enfermeiras treinadas deu origem a conflitos com os médicos, com as enfermeiras mais antigas e com a administração (...). Para a nova supervisora realizar o que considera como sua tarefa, tinha de construir o seu território. Tinha de encarregar-se de algumas das responsabilidades da administração leiga. Além disso, tinha de centralizar a administração dos assuntos referentes à enfermagem, e com isso rebaixar a posição de outras enfermeiras (Rosen e Abel-Smith, *apud* Rosen, 1979: 365).

Vemos aqui os germes do que ainda hoje se discute com veemência: deve a enfermeira diplomada exercer apenas funções administrativas ou, ao lado delas ou ainda em vez delas, estar "ao lado do paciente"?

Histórico da enfermagem no Brasil

A história da enfermagem no Brasil inicia-se com as práticas de saúde das sociedades tribais indígenas, nos primórdios da colonização, perturbadas pela interferência do elemento europeu, seguidas pelo lento introduzir de conceitos vigentes na Europa do século XVI, com o estabelecimento das Santas Casas de Misericórdia e com a vigência de atividades de enfermagem eminentemente empíricas por quase três séculos. Esse panorama só se modifica com o alvorecer do século XX.

Práticas de saúde indígenas e a influência dos colonizadores

Da mesma forma que as sociedades tribais existentes em outras partes do mundo, os indígenas aqui concentrados pelos primeiros colonizadores tinham uma concepção de saúde-doença mágico-religiosa, dela decorrendo a origem das moléstias e o "caminho" para curá-las.

> Se as divindades ofendidas castigam os humanos, o recurso então é apaziguá-las com oferendas, preces e sacrifícios; se os causadores são os feiticeiros, com suas práticas malévolas, o tratamento é anulá-los com processos semelhantes por pessoas dotadas de poderes suficientes (Oliveira, *apud* Pires, 1989: 21).

Assim, tanto os "feiticeiros" como os pajés e os "sacerdotes" recebiam os poderes, maléficos ou benéficos, dos deuses.

No início do século XVI, o quadro mórbido (escasso) e a higidez do índio brasileiro podem ser relacionados com seu modo de vida, de contato íntimo com a natureza, adaptando o sistema imunológico aos agressores encontrados no meio ambiente, ao passo que o isolamento geográfico os protegia de possíveis agressões biológicas adquiridas por contato social e sexual com grupos estranhos. Segundo Santos Filho (1977: 105),

> no limitado quadro de doenças não apareciam aquelas que hoje se denominam "tropicais": citam-se como componentes da nosografia brasileira: em 1500, a bouba, o bócio endêmico, certas parasitoses e dermatoses, febres inespecíficas (...), disenterias, afecções do aparelho respitatório — como pneumonia e pleuris —, afecções derivadas de desvio alimentar, além da litíase e certas afecções crônicas.

Por sua vez, o contato com os colonizadores trouxe uma variada gama de doenças que se manifestaram com inusitada morbidez: varíola, febre amarela, tuberculose, malária, tracoma, filariose, esquistossomose, febre tifóide, doenças venéreas, como a sífilis, febres exantemáticas, sarampo, escarlatina, cólera, meningite cérebro-espinhal, parasitose, como a sarna, lepra e a peste.

Em parte, a virulência das doenças que, na Europa Ocidental, já se manifestavam amenizadas deveu-se à ausência de qualquer resistência nessas populações, mas tal fato foi agravado por alterações dos costumes, dos processos de trabalho e dos hábitos culturais:

> Os jesuítas, na missão de *catequizar* os índios brasileiros, de facilitar a dominação pelos europeus, introduziram alguns costumes, tais como o uso de roupas imposto pela moral cristã, o que dificultava a higienização, pois as vestimentas eram usadas continuamente, até que apodrecessem, quando, então, eram jogadas fora; "concentração dos índios em grandes aldeias", alteração do sistema de alimentação, assim como o de trabalho, fatores perturbadores do metabolismo; os novos hábitos aumentaram a mortalidade infantil e acarretaram o aparecimento de doenças, principalmente a disseminação de epidemias (Germano, 1985: 21-22).

Ao lado dos pajés, feiticeiros e curandeiros, os colonizadores introduzem outros elementos para se ocuparem dos que adoeciam: os jesuítas e demais religiosos, os voluntários leigos, os entendidos, os curiosos e os escravos escolhidos para o mister, seguidos pelos "profissionais": físicos, barbeiros-cirurgiões, boticários e outros.

Santas Casas de Misericórdia

Se, nesse início, tanto a medicina como a enfermagem são exercidas com fins curativos, em detrimento dos preventivos, tal atitude encontrava-se em consonância com o que ocorre no "Velho Mundo". As "Santas Casas" seguem modelos semelhantes aos empregados pelas irmandades de misericórdia da metrópole, onde a assistência será prestada pela irmandade a todos os necessitados, pobres, desamparados, velhos, crianças, órfãos, prostitutas e enfermos. Os jesuítas, por sua vez, possuíam enfermarias anexas aos colégios. Portanto, a assistência de saúde no Brasil, nos primeiros tempos de colonização (e continuando durante muito tempo, como vimos no Capítulo 1), era de cunho particular e religioso, sem auxílio ou ingerência governamental, e os objetivos da assistência prestada tinham cárater de auxílio espiritual, voltados mais para a salvação das almas do que a cura (ou o tratamento) dos males do corpo, aliados a um aspecto caritativo, em virtude da composição de seus financiadores: pessoas católicas, consideradas "de posses", aliadas a religiosos. A meta consistia na fundação, desenvolvimento e manutenção de obras assistenciais, com a dupla finalidade de cuidar das necessidades espirituais e corporais.

Segundo Santos Filho (1977: 239),

> as obras de caridade eram compostas de "hospitais ou santas casas com hospedarias anexas para náufragos, velhos desamparados, eclesiásticos e personagens importantes em trânsito; (...) estabelecimentos para a criação e educação de crianças enjeitadas ou abandonadas — as denominadas "casas de expostos" e "rodas" — e para meninas sem pais — os "recolhimentos de órfãs" —, efetuando, dessa maneira, a única assistência à infância vigorante no país nos três primeiros séculos; (...) edifícios para a guarda de jovens transviadas, mulheres adúlteras e prostitutas, no sentido de instituir dotes para as moças casadouras dos recolhimentos de órfãs, de sustentar soldados feridos, de manter oficinas para meninas e moças, de construir capelas e igrejas, de alimentar os presos nas cadeias.

Há alguma controvérsia sobre a data da fundação da primeira Santa Casa de Misericórdia, mas parece que a pioneira teria sido a inaugurada por Brás Cubas, em Santos, por volta do ano de 1543. Ainda no século XVI são fundadas as do Rio de Janeiro, Vitória, Olinda e Ilhéus; a seguir, já nos séculos XVII e XVIII, outras passam a ser estabelecidas nas capitanias e regiões urbanas mais importantes. Por sua vez, hospitais governamentais, especificamente militares, somente foram criados em meados do século XVIII, com suas verbas oriundas dos próprios soldados, que permitiam "descontos" em seus soldos para tal finalidade (Machado *et al.*, 1978: 23). É por esse motivo que, no início, as Santas Casas de Misericórdia se voltam, prioritariamente, aos enfermos miseráveis (dentre outras funções complementares) e abrigam também militares doentes ou feridos. Da mesma forma, é no início do século XVIII que surgem, no país, os "lazaretos", aglomerados de pequenas casas ou cabanas mais primitivas, localizadas nos arredores das cidades (sendo os primeiros situados junto ao Rio de Janeiro, Salvador e Recife), cuja finalidade básica consiste no isolamento dos portadores do Mal de Hansen (não havia tratamento clínico, pois o bacilo da lepra seria identificado mais tarde, assim como a ação terapêutica das sulfonas: estas, em meados deste século).

Para Pires (1989: 37-38),

> as santas casas, junto com as enfermeiras dos jesuítas, até meados do século XVIII [1759], quando a Companhia de Jesus foi expulsa do Brasil, e junto com as enfermeiras das demais ordens religiosas, os hospitais militares e os lazaretos, até o início do século XX, representaram a espinha dorsal da assistência institucional prestada à população, na época. Em quase todas as capitanias a irmandade atuava e organizava santas casas que atendiam, principalmente, os pobres e os negros escravos. A assistência institucional caritativa, do espírito e do corpo, prestada nas enfermarias jesuíticas e nas santas casas, consistia, junto com a prática leiga dos homens de ofício [especialistas voltados ao atendimento das classes mais abastadas], no arcabouço assistencial do Brasil colonial, passando pelo Império e pelo início da República, chegando assim [com poucas modificações] ao século XX.

A enfermagem e o caráter masculino das funções do setor de saúde

A enfermagem, quando surge no Brasil, é exercida praticamente por elementos do sexo masculino. Para isso, contribuíram dois fatores principais: o papel que cabe à mulher na sociedade da época e o cárater eminentemente masculino dos profissionais de saúde leigos e, também, religiosos. Vejamos cada um deles:

a) a mulher, na sociedade colonial brasileira, faz parte do contingente majoritário da população que é excluído da cidadania, juntamente com as crianças, os doentes, os pobres e os negros. A sociedade comporta duas classes distintas, em oposição de interesse — a oligarquia rural e os escravos —, sendo que as demais categorias formam camadas ou estratos sociais intermediários: o clero, os militares, os administradores e os funcionários (representando os interesses da Coroa), pequenos comerciantes dos centros urbanos, mercadores e os moradores sem terra da região rural. Mas a sociedade é masculina: a família é patriarcal e autoritária, ficando as mulheres e as crianças subordinadas aos homens, sendo o papel delas "distintamente inferior, tanto social como psicologicamente. Como mãe e esposa, o seu mundo está centrado exclusivamente em servir o marido, cuidar das crianças e, quando há tempo, no contato com parentes (...). Quando existem decisões a serem tomadas, o julgamento do marido é dominante e final" (Rosen, Laraia, *apud* Pena, 1981: 98-99). Apesar de ser responsável direta pelo gerenciamento do trabalho escravo, muitas vezes indo além da área imediata da "casa-grande" e da "senzala", com vistas à produção de bens necessários à manutenção da família, a mulher "passa do jogo do pai ao do marido" ou do filho maior (e herdeiro), tendo na viuvez (com filhos menores) a "oportunidade de adquirir a liberdade" (Pires 1989: 57). Se, em meados do século XIX, após a vinda da família real ao Brasil, o modelo familiar sofre transformações, passando lentamente a nuclear e citadino, a participação da mulher fora da esfera familiar continua bastante restrita;
b) era costume vigente entre os índios brasileiros que as funções de pajé, feiticeiro e sarcedote fossem exercidas pelo homem, de acordo com o que ocorria na Europa, onde os físicos, os barbeiros-cirurgiões, os boticários, os curandeiros e os práticos eram do sexo masculino. Isso para não falar das ordens religiosas, que enviavam ao país, principalmente, sacerdotes. Ilustrando esse ponto, Pena (1981: 99)

indica que até o século XIX somente existia um convento de religiosas no Brasil, o de Santa Clara do Desterro (em Salvador). Às poucas mulheres religiosas, presentes em nosso território, coube o trabalho caritativo em geral (assistência ao espírito e ao corpo), ocupando-se, nas Santas Casas de Misericórdia, mais da administração da instituição e de serviços complementares de assistência aos doentes do que da "nobre arte de curar". Mesmo as parteiras, que auxiliavam as mulheres das várias camadas sociais, exerciam um trabalho prático, adquirido pela experiência, transmitido oralmente, e não dotado de saber específico, num processo (o parto) tido como "fenômeno natural", sem necessidade de intervenção de "especialistas". Observamos nos escritos da época que o trabalho voluntário de assistência aos doentes era desempenhado por mulheres em épocas de crise, quando ocorriam epidemias e guerras.

Os primórdios da enfermagem no Brasil e sua institucionalização

A enfermagem, como atividade predominantemente masculina, desenvolve-se aos poucos e recebe, com o tempo, o ingresso de mulheres religiosas e leigas. Dentre as "precursoras", a história registra o nome de duas, consideradas importantes para o impulso de uma atividade que viria a institucionalizar-se como "trabalho feminino".

A primeira a exercer a profissão de enfermeira é Francisca Sande. Viúva, inicia suas atividades como voluntária, prestando assistência aos pobres, vítimas de febre amarela e peste, males que assolam a população da Bahia, onde reside. Sua própria casa muitas vezes abriga enfermarias improvisadas, quando a capacidade das instituições se encontra esgotada. Mas sua profissão transcorre entre os muros da Santa Casa, onde desenvolve tarefa meritória, em fins do século XVII (Paixão, 1979: 105). A segunda é Anna Nery. Destaca-se já no século XIX, durante a Guerra do Paraguai: viúva de oficial, um filho oficial do exército e dois médicos, sua atuação, voluntária, de cuidados aos soldados feridos pode ter sido motivada pelo fato de dois de seus filhos e dois irmãos estarem participando do conflito, no campo de batalha. Por sua abnegação, espírito de dedicação e contínua assistência aos soldados, transformou-se em símbolo, recebendo, ao término da guerra, duas medalhas — Humanitária de Segunda Classe e de Campanha —, além do título de "Mãe dos brasileiros", do próprio governo.

Observamos, assim, que a maior parte do trabalho de cuidar dos doentes, de administrar enfermarias e as Santas Casas configura-se como tarefa destituída de um saber específico e é exercida sem preparo formal para tal, no fim do século XIX.

> Segundo Pires (1989: 55), a característica profissional, isto é, de ter adquirido capacitação por meio de um processo de instrução formal, de estar submetida a regras normatizadoras do exercício profissional e de perceber remuneração pelos serviços prestados, só começa a organizar-se em enfermagem no século XIX, com o treinamento de pessoas de enfermagem para a psiquiatria.

Isso ocorre por um motivo alheio ao aperfeiçoamento da atividade: no Hospital Nacional de Alienados, há uma cisão entre a nova direção interina e as irmãs de caridade, responsáveis pela enfermagem, sendo que elas se retiram, fazendo com que, em 1890, se estabeleça a primeira escola de enfermagem (interna) no próprio hospital, situado no Rio de Janeiro. A escola, criada para atender à crise imediata, denomina-se Escola Alfredo Pinto (Germano, 1985: 26-27).

Quanto à estruturação da profissão de enfermagem, tal fato vem a acontecer quase quatrocentos anos após a atuação especializada de físicos e cirurgiões e cerca de cem anos depois da fundação da primeira escola para médicos, no Brasil (1832), com a formação de enfermeiros voltados para a saúde pública. É por esse motivo que a maioria dos documentos registra a Escola Anna Nery, fundada no Rio de Janeiro, em 1923, como sendo a primeira de enfermagem no país: volta-se para a orientação e a formação de enfermeiras.

Poderíamos concluir esse breve esboço indicando que a enfermagem vem a se institucionalizar no Brasil somente no início do século XX, quando, como vimos no Capítulo 1, se organiza uma política governamental de saúde e higiene pública, com medidas tomadas pelo presidente Rodrigues Alves. Assim, República, planejamento da saúde pública e escola de enfermagem (ou estruturação da função de enfermagem) surgem praticamente ao mesmo tempo, poucos anos de diferença entre si.

Visão geral

Tanto do ponto de vista da medicina como da enfermagem, ocorre no Brasil fenômeno semelhante ao acontecido na Europa Ocidental, quando o período de "transição" para o capitalismo, assim como o Renascimento, trouxe à luz os textos antigos e os tratados de medicina romanos: uma mudança significativa instala-se no conceito, na prática e na ideologia que cercam o binômio saúde-doença, as causas das enfermidades e o posicionamento perante elas. Só que, no Brasil, o encontro que se dá é entre os valores de uma sociedade tribal e os de uma que inicia seu ingresso na era "científica", sendo o resultado extremamente danoso para a população nativa, pois o "saber", desenvolvido na metrópole, não é incorporado ao que se faz no campo da saúde na Colônia. Podemos destacar, no lento caminhar para uma política governamental de saúde e institucionalização da medicina e da enfermagem, os seguintes aspectos:

a) a mudança na estrutura da sociedade indígena brasileira pela vinda dos colonizadores portugueses ocorre sob a forma de transformação do "modo de produção" comunal para a propriedade fundiária da terra e da administração colonial, desestruturando tanto as relações sociais como as com o meio ambiente. Somado à tentativa de escravização dos índios, à transmissão de doenças antes desconhecidas, esse contato resultou na dizimação dessa população pela força ou pelos surtos epidêmicos, sem que os indivíduos tivessem acesso a uma prática médica substitutiva do saber dos pajés, sacerdotes e feiticeiros;
b) a profissionalização dos elementos voltados à área da saúde faz-se à margem de escolas formais que os habilitassem:

> Os exercentes de determinado ofício [dentre eles os do setor de saúde] ou vinham habilitados da metrópole ou eram treinados na colônia por compadres, amigos ou parentes, que lhes transmitiam conhecimentos (...) pelo treinamento prático progressivo e pela tradição oral. Do treinamento prático, pouco a pouco o aprendiz adquiria experiência, até passar a exercer sozinho o ofício. A maioria dos exercentes das ações de saúde passava do treinamento à prática sem prestar qualquer exame de habilitação profissional ... (Pires, 1989: 34);

c) as Santas Casas de Misericórdia pouco mudam o panorama, principalmente no que diz respeito às funções de enfermagem:

> A enfermagem aí exercida [nas Santas Casas de Misericórdia] tinha um cunho essencialmente prático, o que explica a simplificação dos requisitos para o exercício das funções de enfermeiro; por outro lado, não havia exigência de qualquer nível de escolarização para aqueles que a exerciam. Contando com voluntários e escravos para o cuidado aos doentes, os religiosos também prestavam assistência e faziam supervisão das atividades de enfermagem. Essa situação perdurou desde a colonização até o início do século XX, com uma enfermagem exercida em bases puramente empíricas; os livros consultados eram de medicina popular e enfermagem caseira publicados em Portugal. Um manual, chamado de guia do enfermeiro, com o título *Luz da medicina ou prática racional metódica*, foi publicado em Portugal em 1783, por Francisco Morato Roma, sendo utilizado e consultado por aqueles que se dedicavam ao cuidado dos doentes, resumindo-se nele a "bibliografia especializada" da função (Germano, 1985: 23);

d) o fato importante para o setor de saúde consiste na vinda do centro administrativo português para o Brasil, com o decorrente início da institucionalização da medicina no país. Sucessivamente, ocorrem os seguintes passos: em 1808, cria-se "na Bahia uma Escola de Anatomia e Cirurgia para o ensino público da arte e estabelece-se o Hospital Real da cidade como campo de ensino teórico-prático", seguindo-se outra, no Rio de Janeiro; "em 1820, as escolas já se chamam Academia Médico-cirúrgica, e pela Lei de (...) 1826, sancionada por Pedro I, as cartas de aprovação do exercício da medicina e da cirurgia passam a cargo das escolas"; em 1832, "as academias transformam-se em escolas ou faculdades de medicina", passando a ter autorização para conceder títulos de "1º) doutor em medicina; 2º) de farmacêutico; 3º) de parteira", e, da mesma forma, recebem o poder "de fiscalizar o exercício profissional", passando a emitir "regulamentos e normas disciplinares aos médicos, cirurgiões, boticários e às parteiras" (Lobo, 1964: *passim*);

e) a organização da higiene pública decorre da necessidade de diminuir o impacto das sucessivas epidemias que atacam, principalmente, a cidade do Rio de Janeiro. Entretanto, se na segunda metade do século XIX algumas medidas são tomadas, no início do XX novas epidemias chegam a ameaçar as relações comerciais do Brasil: as doenças alcançavam os tripulantes ancorados no porto, acarretando freqüentes mortes e levando os países que conosco tinham relações de importação (produtos agrícolas) e de exportação (produtos manufaturados) a intimar o governo a tomar providências no sentido de sanear os portos; caso contrário, estaria suspenso o comércio. É no bojo dessa ameaça que se tomam as primeiras medidas eficazes de combate à febre amarela, à varíola, à peste bubônica e outras;

f) a institucionalização da enfermagem decorre da necessidade, apontada anteriormente, de manter as relações comerciais do Brasil com outras nações, por intermédio do saneamento do meio ambiente das cidades — já que o saber médico da época explica a doença como determinada por esse mesmo meio ambiente:

> é nesse quadro que emerge o ensino sistematizado da enfermagem, tendo, no seu bojo, o propósito de formar profissionais que contribuíssem para a garantia do saneamento dos portos, principalmente o do Rio de Janeiro; daí ela ser iniciada fora dos hospitais, na área de saúde pública (Germano, 1985: 28).

Capítulo 4

O campo de atuação da enfermagem: o "modelo" e sua crítica

Como foi visto no capítulo precedente, a emergência da nova profissão — enfermagem — ocorre no bojo das necessidades de implantação/expansão do capitalismo, objetivos que seriam atendidos com a prática da enfermagem de saúde pública. Da mesma forma, ela não representaria ameaças à ordem vigente, dadas as características ideológicas de profissão com acentuada submissão ao Estado e aos médicos.

Os primeiros princípios da enfermagem no Brasil

As campanhas sanitárias de Oswaldo Cruz criam um modelo de política médica na qual se torna aguda a necessidade de um elemento de ligação entre o "médico de consultório" e as famílias: no atendimento às epidemias e endemias, carecia o governo de equipamentos de saúde, de médicos em número suficiente e não contava com qualquer outro profissional qualificado (no setor de saúde) para a promoção de medidas, quer preventivas, quer curativas, tanto no que se refere ao indivíduo como à coletividade.

Nessa época, Carlos Chagas, à frente do Departamento Nacional de Saúde Pública, conhece, em visita aos serviços de saúde dos Estados Unidos, o trabalho dos profissionais de enfermagem, organizado dentro dos padrões nightingalianos. Pensando em suprir as lacunas existentes no Brasil, Chagas solicita ao International

Health Board apoio para a implantação de um serviço de enfermeiras de saúde pública e para a criação de uma escola para a formação de pessoal especializado, nos moldes das americanas. Com o auxílio da International Health Board e da Fundação Rockfeller, a última responsável pelo envio da enfermeira Ethel Parson (a quem segue, pouco depois, a enfermeira Edith Fraenkel, com outras sete colegas), estabelece-se a escola profissional do tipo nightingaleano, a segunda na América Latina (precedida pela de Cuba).

As organizadoras do que viria a ser a Escola de Enfermeiras D. Anna Nery, em 1926, tinham como propósito dissipar o estigma social do trabalho de enfermagem no Brasil, semelhante ao que imperava na Inglaterra e Estados Unidos, antes do trabalho de Florence Nightingale. Com esse objetivo, além de recrutarem para a escola as moças das famílias de elite de então, acenavam com salários relativamente altos, compatíveis com as outras profissões femininas existentes à época. Para as candidatas poderem fazer o curso, os requisitos eram:

> . ser mulher; ser diplomada por uma Escola Normal ou ter estudos semelhantes; apresentar um atestado firmado por médico da Saúde Pública, avalizando as condições de saúde física, mental e ausência de defeitos físicos da candidata; ter entre 20 e 35 anos; apresentar referências de boa conduta, sendo que seria levada em consideração a experiência da candidata em direção de casa, no serviço educativo e comercial (Parsons, *apud* Pires, 1989: 131).

Podemos, portanto, salientar certos aspectos específicos da formação profissional das enfermeiras no Brasil:

a) o posicionamento inicial de valorização de enfermeira, conforme citação anterior;
b) a transposição do modelo americano para a América Latina, com cunho marcadamente ideológico:

> As enfermeiras que aqui chegaram para organização do serviço de enfermagem do Departamento Nacional de Saúde Pública, bem como da Escola de Enfermeiras deste Departamento, foram enviadas pela Fundação Rockfeller, que, por sua vez, tinha objetivos bem definidos com relação à América Latina: criar condições sanitárias adequadas ao desenvolvimento capitalista (...). Sua atuação estava explícita e conscientemente vinculada aos

interesses econômicos do grupo Rockfeller nos países subdesenvolvidos (Brown, *apud* Braga, Paula, 1981: 45);

c) a subordinação da nova profissão (apesar da tentativa de sua valorização) aos padrões fundamentados na hegemonia médica no setor de saúde, na hegemonia masculina, na sociedade e na manutenção da ordem social, representada pelo Estado hegemônico: esses princípios foram "perfeitamente absorvidos pela enfermagem, que, em todos os artigos que falam do aspecto feminino da profissão, ressaltam o papel de mãe das enfermeiras, seu espírito caritativo e seu papel de administradora do lar, sem questionar por que este papel lhe foi delegado ou o porquê da diferença salarial percebida por homens e mulheres trabalhadores"; quando do oferecimento de salários às candidatas à escola de enfermagem, estes "seriam os mais altos, mas dentro dos padrões pagos às mulheres e não relacionados aos salários mais altos pagos aos profissionais brasileiros de uma forma geral" (Pires, 1989: 132);

d) a contradição surgida entre o modo de preparação e o local e adestramento das futuras profissionais: formação de enfermeiras para o trabalho de saúde pública dentro das enfermarias hospitalares (no currículo da primeira escola, além das disciplinas de cunho preventivo, exigia-se um número expressivo de horas de trabalho no Hospital Geral de Assistência do Departamento Nacional de Saúde Pública);

e) o cunho marcadamente americano e nightingaliano do ensino, pois somente a partir de 1931 a direção da Escola Anna Nery é assumida por uma enfermeira brasileira, Rachel Haddock Lobo, e, posteriormente, dá-se a paulatina substituição de professoras americanas pelas brasileiras, muitas formadas pela própria escola;

f) a característica de elitismo e de preconceito na seleção de candidatas, que marcou profundamente o espírito dessa escola:

> A Escola Anna Nery foi organizada no mais alto padrão, e a seleção das alunas também foi excepcional. (...) Aconteceu até um fato lamentável. Apesar da oposição de duas americanas que vieram para a escola, uma moça de cor venceu todas as barreiras

> para o ingresso no curso. Na hora da matrícula, as americanas não permitiram e fecharam questão (...). Daí por diante, enquanto as americanas estiveram aqui, apenas brancas podiam freqüentar a escola (Magalhães, 1980: 202);

g) a importância da Escola Anna Nery, por ser a primeira voltada para a formação específica de enfermeiras (a Escola Alfredo Pinto foi "interna", ou seja, um anexo para a preparação prática de mão-de-obra em substituição às irmãs de caridade que atuavam no Hospital Nacional de Alienados, conforme episódio descrito no capítulo anterior), foi não só marcante, mas considerada modelo padrão para todo o país, conforme o explicita o Decreto nº 20.109/31, da Presidência da República:

> Decreto nº 20.109, de 15/06/1931, regula o exercício da enfermagem e fixa as condições para a equiparação das escolas de enfermagem (...). Estabeleceu a Escola Anna Nery como escola padrão, isto é, outras que viessem a ser criadas no território nacional deveriam, necessariamente, funcionar dentro dos mesmos moldes e serem a ela equiparadas, se ambicionassem o registro, no Departamento Nacional de Saúde, dos diplomas por ela emitidos (Carvalho, 1976: 232);

h) a influência que a Escola Anna Nery desempenhou na formação profissional das enfermeiras e sua luta posterior pela categoria fundamentam-se na formação de uma associação, inicialmente de ex-alunas oriundas das duas primeiras turmas, em 1926, denominada Associação Brasileira de Enfermeiras Diplomadas. Esta representa o embrião da principal forma organizativa dos enfermeiros brasileiros até a presente data: a Associação Brasileira de Enfermagem:

> A criação da Associação Brasileira de Enfermeiras Diplomadas representou, também, a introdução, no campo da enfermagem, de mais um elemento fundamental na estruturação de uma profissão, ou seja, a existência de instâncias organizativas próprias que estabeleçam regras para o exercício profissional, promovam o intercâmbio de conhecimentos entre a categoria, além de ser o canal de expressão das necessidades da profissão (Pires, 1989: 134).

A consolidação do saber/prática da enfermagem

Verificaremos agora como se desenvolve e se estrutura a enfermagem, sob o ponto de vista de sua prática e da formação de um saber específico.

No Brasil, tanto como na Inglaterra, o trabalho de enfermagem estrutura-se no bojo da organização da sociedade, sob o modo de produção capitalista e como parte do trabalho coletivo, apesar de o objetivo primeiro (razão pela qual as enfermeiras norte-americanas foram contratadas) ter sido o de formar especialistas para dar assistência e promover educação em saúde, diretamente aos pacientes e às famílias. A partir do momento em que a enfermagem é reconhecida como profissão organizada, as tarefas assistenciais, e outras do setor, continuam a ser divididas com os demais trabalhadores, mas ao enfermeiro cabe o controle e a supervisão das atividades de tipo manual:

> As enfermeiras formadas pela Escola Anna Nery, logo após sua absorção pelo Serviço do Departamento Nacional, são também absorvidas nos estados e para o ensino nas escolas de formação de enfermeiros e auxiliares de enfermagem. Logo após a formatura das primeiras turmas, as enfermeiras diplomadas começam a formar pessoal auxiliar para executar os cuidados e tarefas delegadas, de cunho manual, sob sua supervisão. Atendem, assim, às necessidades dos donos de hospitais de gastar menos com a remuneração do trabalho e, para isso, empregam pessoal de enfermagem do tipo auxiliar, gerenciado pelo trabalho de um enfermeiro (Pires, 1989: 138).

Da mesma forma que nas empresas do sistema capitalista, no setor de saúde e no interior do âmbito de atuação da enfermagem aparece a divisão do trabalho: cabe ao enfermeiro diplomado, cuja formação se volta para o ensino e para a administração da assistência de enfermagem, gerenciar essa assistência, distribuindo e delegando para os demais trabalhadores de enfermagem tarefas específicas. Esses trabalhadores "manuais" executam funções em que não há controle do processo nem do produto final, permanecendo alienados, da mesma forma que os operários industriais. Por sua vez, se o enfermeiro é um trabalhador também assalariado, sua formação é do tipo intelectual e gerenciador da assistência de enfermagem, desenvolvendo-se, com relativa autonomia, no que se refere aos demais trabalhadores do setor de saúde.

Há dois enfoques, opostos, que analisam esse fenômeno:

a) segundo Gonçalves (1974: 152-153), a divisão social do trabalho na enfermagem não surgiu por acaso, nem permanece pela tradição, mas como forma de adaptação da estrutura ocupacional ao modo de produção dominante, pois "a própria função organizativa da hegemonia social e do domínio estatal leva logo a uma certa divisão do trabalho e, portanto, a toda uma graduação de qualificações";
b) para Santos (1973: 54), ao contrário, é possível dizer

> que uma melhora considerável na administração pode, talvez primariamente, ser conseguida por meio de maior conhecimento e melhor controle das divisões do trabalho existentes na prática da enfermagem — muito dessa divisão tendo surgido ao acaso e sobrevivido pela tradição, apesar da mudança de condições.

Concordamos, em parte, com os dois autores — e isso, sem contradição! —, pois, pelo que vimos ao longo da história da medicina e da enfermagem, a divisão, na segunda, surge ao acaso, quando as práticas extrapolam o âmbito familiar e são mantidas ao longo de todo período feudal e de "transição"; entretanto, a hegemonia do modo de produção capitalista, pela sua própria característica, cria e, em já estando definida, acentua a divisão do trabalho, que se reflete em todo o setor de saúde.

Com o avanço do conhecimento, as exigências quantitativas e qualitativas de serviços de saúde fizeram com que os ramos de assistência

> fossem assumidos por grupos de trabalhadores que sistematizaram os conhecimentos que subsidiavam essas atividades, organizaram-se em instituições de ensino e associativas, além de estabelecerem regras para o seu exercício profissional, constituindo novas profissões no campo da saúde. Mas as relações de trabalho dessas profissões, no campo institucional, foram e são conflituosas, envolvendo múltiplos fatores determinantes, dentre eles: a perda do controle de seu processo de trabalho pela divisão parcelar do trabalho; as relações de dominação ho-

> mem/mulher e as articulações e classe dos exercentes das ações de saúde (Pires, 1989: 139).

À medida que a sociedade, sob a égide do capitalismo, reforça e aperfeiçoa a divisão do trabalho, tanto social como decorrente das normas técnicas que regem sua execução, essa organização se reflete no setor de saúde: ao longo dos tempos, a categoria dos médicos, apesar de sua divisão funcional e hierárquica, apropria-se do saber de saúde (institucionalizando a prática assistencial como prática médica), monopolizando-o e garantindo-o por leis que regulam o exercício profissional da medicina e pelas instituições associativas e as de ensino formal; sob o controle dos órgãos fiscalizadores desse exercício profissional, assim como das escolas que transmitem esse saber, é que, pouco a pouco, adquirem certa autonomia as profissões de farmacêutico, dentista, enfermeiro, parteira e práticos de enfermagem, sendo que os ramos de conhecimento que lhes são específicos permanecem subordinados ao saber médico no setor de saúde.

> Só no século XX, farmacêuticos e dentista são profissões independentes, organizadas e reguladas segundo normas próprias. A enfermagem, também, só se organiza como profissão regulada por normas próprias a partir de 1923 e absorve definitivamente o trabalho das parteiras, dos práticos e dos auxiliares de enfermagem, como parte de exercício profissional da enfermagem, com a instituição da Lei nº 2.604/1955, que regulou o exercício profissional da enfermagem até 1986, só vindo a ser alterada pela Lei nº 7. 498, daquele ano (Pires, 1989: 139-140).

O ponto a ser destacado é que as profissões no setor de saúde se institucionalizam após o predomínio, na sociedade capitalista, da divisão do trabalho. Assim, a organização da enfermagem delimita o exercício profissional do enfermeiro como: a) administrador da assistência de enfermagem; b) responsável pelo ensino; e c) responsável, também, pela produção de conhecimento de enfermagem. Portanto, caberia aos auxiliares, aos atendentes e aos técnicos de enfermagem a assistência direta ao paciente, desde que tais atividades se apresentassem como delegadas e específicas e, como tais, sob a supervisão e o controle do enfermeiro. O surgimento de novas especializações, e de novas profissões no campo de saúde, aliado ao parcelamento das tarefas no interior de cada uma delas, continua obedecendo à hierarquia estabelecida, referente tanto ao enfermeiro como ao topo da hierarquia do saber e da prática de saúde, ou seja, o médico.

As teorias no campo da enfermagem

Estudando o saber da enfermagem, Almeida e Rocha (1986: 29-30) indicam que suas primeiras expressões se referiam à sistematização das técnicas, já que estas foram se desenvolvendo e sendo conhecidas desde os tempos mais remotos, mas que, com a complexidade crescente de todo o setor de saúde, passaram a englobar procedimentos os mais diversos. As técnicas, nesse campo, consistem

> na descrição do procedimento de enfermagem a ser executado, passo a passo, e especificam também a relação do material que é utilizado. Tanto pode ser um procedimento a ser realizado com o paciente, como banho de leito, curativo, sondagens, instalações e outros, como procedimentos relativos às rotinas administrativas, como admissão e alta de pacientes. Assim também procedimentos de manuseio de material hospitalar, como montagem de sala de operação, esterilização de instrumental e outros, da mesma forma que técnicas de disposição e passagem de instrumentos ao cirurgião, de formas mais adequadas de manipulação do recém-nascido, etc.

Se as técnicas se apresentam como a primeira referência ao crescente saber de enfermagem, em relativamente pouco tempo após sua institucionalização como profissão no Brasil (aproximadamente trinta anos), teorias mais simples, que englobam uma visão do homem, um conceito de enfermagem, seu objeto, seus processos e um perfil do profissional que deve atuar nesse processo, são desenvolvidas dentro de marcos conceituais que se fundamentam em princípios advindos de ciências já desenvolvidas, cuja releitura e aplicação se tornam necessárias como embasamento do corpo teórico da enfermagem.

O Quadro a seguir nos apresenta uma descrição das principais teorias difundidas em nosso país.

QUADRO IV
Teorias de enfermagem

Autor	Ano	Obra(s) principal (ais)	Teoria	1. Tema central	2. Conceito de enfermagem	3. Natureza do homem	4. Objeto	5. Processo	6. Perfil profissional (agente)	7. Fundamentos/princípios
Hildegard Peplau	1952	—	Relações interpessoais em enfermagem	—	—	• Ênfase nos cuidados de saúde mental e psiquiátrica. • Assistência ao paciente hospitalizado.	Estabelecimento de um processo interpessoal terapêutico para alcançar a saúde dos indivíduos.	Baseia-se no processo terapêutico da relação enfermeira — paciente na assistência ao paciente hospitalizado. É centrado em quatro fases: • orientação; • identificação; • aproveitamento; • resolução.	O enfermeiro deve ser capaz de: desenvolver um relacionamento terapêutico com o paciente por meio de respeito, interesse e cortesia; ajudar o paciente a reajustar suas metas em função de suas possibilidades; clarificar seus interesses e compreender seu próprio comportamento para o desenvolvimento de sua personalidade; desenvolver liderança democrática junto ao paciente e à equipe; promover experiências que favoreçam a saúde física e mental dos pacientes.	• Biologia • Psicologia
Lydia Hall	1966	*Continuity of patient care: the role of nursing.*	—	O paciente tem três aspectos de ser: o corpo, a patologia e tratamento e a pessoa. A enfermagem controla a área do corpo, e, por meio desse cuidado (conforto), cuida-se da pessoa, enfatizando o papel de educador.	—	—	—	—	—	• Biologia

Autor	Ano	Obra (s) principal (ais)	Teoria	1. Tema central	2. Conceito de enfermagem	3. Natureza do homem	4. Objeto	5. Processo	6. Perfil profissional (agente)	7. Fundamentos/princípios
Dagmar Brodt	1969	*A synergistic theory of nursing.*	Sinergística	—	A enfermeira é efetiva quando se dá a soma das ações na obtenção do sinergismo. Dimensões da enfermagem: prevenção das defesas corporais; das complicações; restabelecimento do paciente com o mundo exterior; detecção de mudanças no sistema regulador corporal; implementação terapêutica médica provisão do conforto.					• Biologia • Psicologia • Sociologia
Myra Estrin Levine	1969	*Introduction to clinical nursing.*	Holística	—	—	Homem como um todo dinâmico, em constante interação com o meio ambiente dinâmico.	Estabelecimento de uma interação humana, uma intervenção para apoiar e promover a adaptação do indivíduo.	Intervenção de apoio para restabelecer o estado de equilíbrio e promover a adaptação do paciente. Baseia-se em: • conhecimento científico; • reconhecimento das respostas orgânicas; • relação de apoio.	Enfermeiro capaz de reconhecer as respostas orgânicas do cliente, de intervir e avaliar por meio do processo terapêutico e de apoio. Instrumento básico: comunicação.	• Biologia • Psicologia • Sociologia (Princípios da conservação de energia, da integridade estrutural, pessoal e social).

Autor	Ano	Obra (s) principal (ais)	Teoria	1. Tema central	2. Conceito de enfermagem	3. Natureza do homem	4. Objeto	5. Processo	6. Perfil profissional (agente)	7. Fundamentos/princípios
Wanda de Aguiar Horta	1970	*Processo de enfermagem.*	Necessidades humanas básicas	A enfermagem, como parte integrante da equipe de saúde, implementa estados de equilíbrio, previne estados de desequilíbrio e reverte desequilíbrios em equilíbrios pela assistência do ser humano em suas necessidades básicas; procura sempre reconduzi-lo à situação de equilíbrio dinâmico no tempo e no espaço.	A enfermagem é a ciência e a arte de assistir o ser humano no atendimento de suas necessidades básicas, de torná-lo independente dessa assistência, quando possível, pelo ensino do autocuidado; de recuperar, manter e promover a saúde em colaboração com outros profissionais. O conhecimento do ser humano a respeito do atendimento de suas próprias necessidades é limitado por seu próprio saber, exigindo, por isso, o auxílio de profissional habilitado.	Ser humano como parte integrante do universo no dinâmico e, portanto, sujeito às leis que regem, no tempo e no espaço. O ser humano está em constante interação com o universo, dando e recebendo energia. A dinâmica do universo provoca mudanças que levam a estados de equilíbrio e desequilíbrio no tempo e no espaço.	Assistir o ser humano no atendimento de suas necessidades básicas, torná-lo independente dessa assistência, quando possível, pelo ensino do autocuidado, recuperar, manter e promover a saúde em colaboração com outros profissionais.	Dinâmica das ações sistematizadas e interrelacionadas, visando à assistência ao ser humano por meio das fases de: histórico de enfermagem, plano assistencial, prescrição de enfermagem, prognóstico de enfermagem.	Enfermeiro capaz de prestar o conjunto de cuidados e medidas que visem a atender às necessidades básicas do ser humano, por meio do fazer, ajudar, orientar, supervisionar e encaminhar (Faose). Áreas de atuação específica, de independência, interdependência e social. Instrumentos básicos: observação, comunicação, aplicação de método e princípios científicos, destreza manual, planejamento, avaliação, criatividade, trabalho em equipe e utilização de recursos da comunidade.	• Teoria da motivação humana de Maslow (necessidades humanas básicas); • Hierarquia de necessidades de João Mohana; • Princípios de homeostase e do holismo.

Autor	Ano	Obra (s) principal (ais)	Teoria	1. Tema central	2. Conceito de enfermagem	3. Natureza do homem	4. Objeto	5. Processo	6. Perfil profissional (agente)	7. Fundamentos/princípios
Martha Rogers	1970	*An introduction to the theoretical basis of nursing.*		Enfermagem é tanto ciência como uma arte. A Ciência é constituída pelo corpo de conhecimento abstrato a que se chegou pela pesquisa científica e pela análise lógica. Esse corpo de conhecimento engloba os princípios descritivos, explicativos e preditivos indispensáveis à prática profissional da enfermagem a serviço do homem.	A ciência da enfermagem é dirigida para descrever o processo vital do homem e para explanar e predizer a natureza e a direção de seu desenvolvimento. A enfermagem é uma ciência humanística dedicada a um interesse compassivo para manter e promover a máxima potencialidade de saúde do homem, que é um todo unificado. O ser humano precisa da enfermagem quando há alguma dificuldade na troca de matéria e energia com o meio ambiente, e ele necessita de ajuda para promover essa interação sincrônica com o meio ambiente para fortalecer a integridade e a coerência do campo humano, para dirigir e redirigir a padronização e a organização dos campos humano e ambiental, tudo isso visando à realização de seu máximo potencial de saúde.	O homem é parte integral do Universo. Homem e Universo são inseparáveis. O homem retira matéria, energia e informação do meio ambiente. Por isso, o homem é um sistema aberto. O homem é uma unidade que possui sua própria integridade e características manifestas, que são mais do que e diferente da soma de suas partes. O homem e o ambiente estão continuamente trocando matéria e energia entre si. O processo vital do homem evolui irreversivelmente e unidirecionalmente ao longo do contínuo espaço-tempo. O padrão e a organização identificam o homem e refletem sua totalidade inovadora. O homem é um todo unificado, tendo sua própria característica distinta, a qual não é percebida pelo simples olhar ou pela descrição, das partes que formam o homem.	A enfermagem é uma ciência humanística dedicada a manter e promover a máxima potencialidade da saúde, prevenir doenças e cuidar ou reabilitar o doente e o incapacitado.	Descrição do processo vital do homem. Exploração e predição da natureza e direção de seu desenvolvimento.	Enfermeiro capaz de compreender as mudanças do processo vital do homem como inseparáveis das mudanças ambientais.	• Biologia • Fisiologia • Psicologia • Antropologia • Sociologia

Autor	Ano	Obra (s) principal (ais)	Teoria	1. Tema central	2. Conceito de enfermagem	3. Natureza do homem	4. Objeto	5. Processo	6. Perfil profissional (agente)	7. Fundamentos/princípios
Elizabeth Dorothea Orem	1971	*Nursing: concepts of practice.*	Autocuidado	A enfermagem é necessária sempre que a manutenção de contínuo autocuidado requerer o uso de técnicas especiais e a aplicação de conhecimentos científicos para prover o cuidado ou administrá-lo.	A enfermagem é serviço, arte e tecnologia que têm como principal preocupação a necessidade de o indivíduo autocuidar-se e a provisão e a manutenção desse autocuidado de forma contínua, de modo a manter a vida e a saúde e a recuperar-se da doença ou dano e enfrentar seus efeitos. A condição que justifica a existência da enfermagem para o indivíduo adulto é a ausência da capacidade de manter continuamente aquela quantidade e qualidade de autocuidado que é terapêutico na manutenção da vida e da saúde, na recuperação após a doença ou dano, ou na maneira de enfrentar seus efeitos. Para a criança, a condição de existência de enfermagem é a inabilidade dos pais e responsáveis em manter continuamente para a criança aquela quantidade de cuidado que é terapêutico.	O homem é uma unidade, funcionando biológica, simbólica e socialmente. Um ser que está em íntima relação com o meio ambiente, que adapta suas necessidades aos estresses do ambiente, mas que utiliza tecnologias para controlá-los, a fim de satisfazer suas necessidades. O funcionamento do homem está ligado ao seu ambiente, e juntos, homem e ambiente, formam um todo integrado funcional ou sistema. Os valores e normas sociais, os mecanismo fisiológicos e os padrões específicos de resposta do indivíduo aos estímulos ambientais afetarão o curso de ação selecionado e seguido pelo indivíduo. Homem como ser responsável por si mesmo e pelos seus dependentes e participante ativo da assistência à saúde.	Promover o atendimento às necessidades do ser humano por meio do desenvolvimento do autocuidado no *continuum* saúde-enfermidade, entendido como prática de atividades que o indivíduo inicia e realiza em seu próprio favor na manutenção da vida, saúde e bem-estar.	Baseia-se no desenvolvimento do auto-cuidado pelo estabelecimento do diagnóstico de enfermagem, do planejamento da assistência do paciente e família, da avaliação, reavaliação do plano e das ações. Três requisitos podem ser identificados: universais, de desenvolvimento e de desvios de saúde.	Enfermeiro capaz de: levar o paciente e o indivíduo sadio ao autocuidado em saúde pela relação de ajuda, supervisão e orientação; ajudar o indivíduo a alcançar maior autonomia, atuar junto aos membros da família para cooperar nos cuidados do paciente.	• Teoria de Kotarbinsky da ação eficiente. • Teoria da ação social de Parsons.

Autor	Ano	Obra (s) principal (ais)	Teoria	1. Tema central	2. Conceito de enfermagem	3. Natureza do homem	4. Objeto	5. Processo	6. Perfil profissional (agente)	7. Fundamentos/princípios
Imogene King	1971	*Toward a theory for nursing: general concepts of human behavior. A theory for nursing: systems, concepts, process.*	Alcance dos objetivos	A enfermagem é um processo de interação humana entre enfermeira e cliente, pelo qual um percebe o outro e a situação; e, por meio da comunicação, eles fixam os objetivos, exploram os recursos e concordam sobre meios para alcançarem objetivos. É um processo de ação, reação, interação e transação.	A enfermagem é um processo dinâmico de ação, reação e transação entre indivíduos e grupos num sistema social para alcançar objetivos de saúde ou ajustamento aos problemas de saúde. Para King, a enfermagem não é ainda uma ciência. Os seres humanos têm três necessidades fundamentais de saúde: de informações úteis sobre saúde, quando elas são requeridas e eles capazes de usá-las; de cuidado preventivo e de cuidado, quando eles não podem ajudar a si mesmos. A enfermagem está em posição para avaliar o que as pessoas sabem sobre sua saúde, o que elas apenas pensam sobre a própria saúde, como elas se sentem sobre isto e como elas agem para mantê-la.	Homem biopsicossocial como sistema aberto, interagindo com o meio ambiente, havendo troca de matéria e energia e informação entre eles. Os indivíduos são seres sociais, pensantes, racionais que agem, percebem, controlam têm propósitos. São seres orientados para a ação no tempo.	Estabelecimento de uma relação interpessoal, inter-grupal e social para alcançar objetivos de saúde ou ajustamentos aos problemas de saúde do indivíduo. Adota três sistemas, com interações dinâmicas entre si: sistemas pessoal, interpessoal e social.	É um processo de ação, reação, interação e transação pelo qual o enfermeiro assiste o indivíduo em todas as idades e grupos socioeconômicos para satisfazer-lhe as necessidades básicas por meio das atividades da vida cotidiana e ajudá-lo a fazer frente à enfermidade e à saúde em um momento particular do ciclo vital.	Enfermeiro capaz de: identificar percepções dos pacientes, conscientizar indivíduos sobre suas necessidades e como satisfazê-las; interagir com indivíduos para a solução dos problemas específicos de saúde. Instrumentos básicos: observação, comunicação e relacionamento interpessoal.	• Biologia • Psicologia •Sociologia • Teoria de sistemas (sistemas pessoais, interpessoais e sociais).

Autor	Ano	Obra (s) principal (ais)	Teoria	1. Tema central	2. Conceito de enfermagem	3. Natureza do homem	4. Objeto	5. Processo	6. Perfil profissional (agente)	7. Fundamentos/princípios
Callista Roy	1976	J. P. Riehl, S. C. Roy, *Conceptual models for nursing practice. Introduction to nursing an adaptation model S. C. Roy, S. L. Roberts. Theory construction in nursing an adaptation model.*	Adaptação	—	A enfermagem é uma profissão científica com um corpo de conhecimento próprio orientado para servir a comunidade. a) Enfermagem em geral: é um sistema teórico de conhecimento de análises e ações referentes ao cuidado da pessoa doente ou potencialmente doente. b) Enfermagem de adaptação: é uma abordagem da enfermagem que vê o homem como ser biopsicossocial, com modos de adaptação à mudança de ambiente, e que atua por meio de um processo para romper a adaptação do homem em cada um desses modos em situação de saúde e doença.	Homem biopsicossocial em constante interação com as mudanças ambientais. A interação homem x meio ambiente é caracterizada por mudanças externas. Nestas mudanças o homem deve manter sua integridade, isto é, adaptar-se.	Promover a adaptação do ser humano aos estímulos que se apresentam no *continuum* saúde-doença, expressos de quatro modos: • necessidades fisiológicas; • autoconceito; • papel funcional; • relações de interdependência.	Baseia-se na avaliação e intervenção em cada uma das formas de adaptação do indivíduo. O processo de enfermagem baseia-se na teoria de adaptação e consta das seguintes fases: • levantamento do comportamento; • levantamento dos fatores influentes; • identificação dos problemas; • estabelecimento dos objetivos; • intervenção; • avaliação. Ação no sentido de mudanças de resposta dos indivíduos aos estímulos: focal, contextual e residual.	Enfermeiro capaz de: assistir o ser humano nas várias fases de adaptação do *continuum* saúde-doença; promover a adaptação do homem nos planos fisiológico e psicológico; atuar como membro de uma equipe multidisciplinar.	• Biologia • Psicologia • Sociologia • Teoria do nível de adaptação de Hacey Helson.

Legenda:

1. Tema central	enfoque geral, derivado diretamente dos fundamentos e princípios em que se baseia a teoria;
2. Conceito de enfermagem	definição e finalidade da enfermagem (*o que é* enfermagem? *para que serve*?);
3. Natureza do homem	concepção de *homem* no marco conceitual de referência da teoria (*a quem* se assiste?);
4. Objeto	na teoria em foco, as metas da enfermagem, sua finalidade (*a que* a enfermagem se propõe?);
5. Processo	apresentação, no marco da teoria, do processo de intervenção ou ação do enfermeiro na assistência de enfermagem (*o que* realizar?);
6. Perfil profissional (agente)	caracterização do enfermeiro que atua (realiza a intervenção), para alcançar o objeto (metas) da teoria (*quem* e *como* realiza?);
7. Fundamentos e princípios	embasamento científico da teoria, por meio do estudo de outras áreas do conhecimento.

Duas questões se propõem ao se visualizar as teorias de enfermagem:

a) de início, sua fundamentação se prende ao desenvolvimento de ciências biológicas, as quais aproximam a enfermagem do campo de atuação da medicina, com limites irregulares e até sobrepostos. É o momento em que se privilegiam conhecimentos oriundos da biologia, fisiologia, medicina, etc., sendo significativa, nesse enfoque, a tentativa de abrir espaço para uma nova atividade que, pretendendo se erigir em "ciência", se volta para o reexame, a releitura e a reinterpretação, com o objetivo próprio, daquilo que permitiu às que lhe servem de modelo tornarem-se ciências; a seguir, ocorre a predominância de embasamento em ciências sociais e do comportamento, como psicologia, sociologia, antropologia e outras, claramente buscando um distanciamento da medicina e dando destaque a uma atuação mais intelectual que manual;
b) como complemento à colocação anterior, visa-se determinar o tipo de paciente e os objetivos da enfermagem, quando tomados em correlação com os da medicina. Pode-se trabalhar com pacientes diferentes, se a ênfase recai naqueles cujo "estado de saúde" se encontra dentro de limites "normais" (ação preventiva e/ou educativa) ou com objetivos diversos, nos mesmos pacientes, sendo que o "cuidado", no que se refere a eles, pode manifestar-se por meio de ações preventivas e/ou educativas e/ou curativas e/ou de reabilitação, realizadas anteriormente, durante, após ou em complementação, ou, ainda, em substituição, nas regiões de baixa concentração de serviços *médicos*, ao trabalho especificamente médico.

O argumento da origem americana da maioria das autoras não se levanta como empecilho para a difusão de suas teorias, pois, na medida do possível, elas descrevem o homem formando um todo biopsicossocial, em interação com o meio ambiente temporal-espacial, "perdendo, dessa maneira, sua historicidade e concretude, passando a ser universal. Todas as teorias falam desse homem abstrato e a-histórico" (Almeida, Rocha, 1986: 104). A discussão é outra quando se toma como ponto de partida para o exame a "praticidade" das teorias ou, em outras palavras, uma atuação de enfermagem fundamentada numa teoria mais ampla. Aqui, também, ocorre um duplo aspecto:

a) considerável atraso, no que se refere à educação em enfermagem, com a inexistência de "programas formais de educação continuada", pouca ênfase na teoria, embasando o conjunto de conhecimentos necessários para o exercício da profissão e, também, uma certa incongruência entre o modelo, predominantemente funcionalista, de nossos serviços de saúde e os princípios sobretudo humanistas das teorias de enfermagem. As características da atual prática de enfermagem no Brasil dão ênfase às funções administrativas e gerenciais, as quais, para seu desempenho, não necessitam do domínio do saber da enfermagem; "as instituições de saúde são calcadas num modelo em que a assistência de enfermagem é prestada por divisão de tarefas, resultando numa prática fragmentada e rotineira" (Kimura, em Campedelli, org., 1989: 33);
b) preocupação em sistematizar a assistência de enfermagem, utilizando-se de etapas do processo de determinadas teorias (sendo a mais difundida a de Horta), sem o respectivo interesse em uma discussão mais ampla da totalidade da(s) teoria(s), em conseqüência das dificuldades institucionais (e, até, operacionais que a esta(s) apresenta(m). Para Kimura (Campedelli, org., 1989: 33),

> é inquestionável a validade de sistematizar a assistência de enfermagem, pois, dessa forma, o paciente passa a ser o centro dessa assistência. Porém acreditamos ser imprescindível a tomada de consciência das nossas limitações diante das teorias que visam fundamentar a prática da enfermagem e trabalhar no sentido de acrescentar a essa prática *contribuições com respaldo teórico próprio* (grifo nosso).

Indaga-se até que ponto essas teorias têm real impacto no campo de enfermagem, pois são a-históricas e fazem referência a um "homem abstrato" como objeto (e sujeito) das ações (e reações) no campo da saúde. Além do mais, podem ser bastante "utópicas" no que concerne à nossa realidade. O que ocorre é uma tentativa de visualizar o *dever ser* não como uma fundamentação para trazer metas, algumas mais concretas (operacionais), outras mais complexas, onde as ações "fragmentadas" se coordenam à procura da melhoria de assistência à saúde, em geral, mas como "teorização" vazia ... Para Stevens (*apud* Almeida, Rocha, 1986: 109),

> a fonte de enfermagem deve ser algum mundo idealmente construído da prática de enfermagem como este deveria ser se ele fosse feito corretamente. (...) É um modo construído mentalmente, mais do que o mundo real da prática de enfermagem. (...) A disciplina de enfermagem, usualmente, está localizada num constructo mental de *deve ser* e não no que é.

Uma "utopia", inalcançável, irrealizável, "pura" nenhuma prática, ainda mais quando se deseja alicerçar em teoria, poderia "galgar" os degraus acima da "feia" realidade, propondo-se um modelo de melhoria da própria realidade!

Alguns aspectos da práxis em relação ao *dever ser*

Desde que encarada no marco de uma teoria, a práxis da enfermagem *deve* e *pode* apresentar-se como uma *proposição do dever ser*, com vistas tanto à sua melhoria como de sua normatização, sistematização e construção de nova teoria, adaptável a uma realidade em transformação, como a nossa, independentemente do caráter "universalizante" que toda teoria deve possuir. Buscamos captar as características do que se propõe como *dever ser* sob quatro aspectos, tomados como um "modelo" daquilo que se realiza, ou melhor, se pensa efetivar, no Brasil.

Recomendações dos congressos brasileiros de enfermagem

Como já tivemos a oportunidade de verificar, a Associação Brasileira de Enfermagem exerce papel determinante no processo de desenvolvimento da teoria/prática da enfermagem no Brasil. Sua contribuição no campo científico é a organização de congressos anuais, assim como sua revista, *Revista Brasileira de Enfermagem*, é o canal de divulgação dos trabalhos científicos realizados na área. Dessa forma, verificando alguns trabalhos finais desses congressos, podemos ter uma idéia do que se recomenda, em termos gerais, como subsídios para o aperfeiçoamento da profissão, em todos os seus aspectos. Em outras palavras, os "trabalhos finais", as "recomendações", etc. apontam para uma situação existente que deve ser modificada, na opinião dos que exercem essa atividade — a enfermagem —, sendo que as alterações propostas visam ao aperfeiçoamento da profissão mediante "metas" que se fazem sentir como "ideais"para a função.

Realizado em Belém-PA, entre 16 e 22 de julho de 1978, menos de um ano após a criação do Sinpas, tendo como tema oficial o próprio Sistema Nacional de Saúde e a posição que nele cabe à enfermagem, o XXX Congresso Brasileiro de Enfermagem voltou-se à análise do ensino dessa profissão. Pela primeira vez, há a recomendação expressa, dirigida às instituições que ministram o ensino de enfermagem, de uma ênfase a ser dada, durante o curso, às ciências sociais. Tal recomendação origina-se, em nosso entender, das tendências reveladas pelas *teorias* de enfermagem, cujos fundamentos e princípios passam das ciências exatas para as sociais e as do comportamento, na própria década de 1970 (ver Quadro IV).

Quanto às instituições hospitalares e serviços de enfermagem, o XXX CBEn recomenda que sejam valorizadas a *promoção*, a *proteção da saúde* e a *prevenção* não apenas em relação ao paciente, mas também à sua família. Isso está fundamentado na constatação de que o exercício da enfermagem nos hospitais em geral se encontra voltado mais aos aspectos *curativos* e ao estrito atendimento das necessidades do *paciente hospitalizado* do que ao paciente e sua família.

É também nesse XXX Congresso que afloram as preocupações com a explicação do conceito de *consulta de enfermagem*, que iremos abordar mais adiante.

Os trechos citados aparecem nas Recomendações Finais, com o seguinte teor:

Considerando	Recomenda
a natureza das estratégias apropriadas aos programas de extensão de cobertura de serviços de saúde que o setor é parte integrante do sistema global	Às instituições de ensino de enfermagem que enfatizem como essencial à formação da/o enfermeira/o o ensino das ciências sociais
que a assistência de enfermagem no hospital está preferentemente voltada para os aspectos curativos e para o atendimento das necessidades do paciente hospitalizado	Às Instituições Hospitalares e Serviços de Enfermagem que procurem valorizar os aspectos de promoção e proteção da saúde, prevenção de doenças e de complicações na assistência de enfermagem hospitalar e que essa assistência se estenda à família
a falta da um consenso sobre o conceito de consulta de enfermagem e sobre o elemento da equipe que deve executá-la	À ABEn que promova encontros de especialistas para estudar, com mais profundidade, esse conceito e indicar o nível de competência para o exercício dessa atividade

Fonte: Associação Brasileira de Enfermagem, 1978.

O XXXI Congresso da ABEn ocorreu de 5 a 11 de agosto, em Fortaleza-CE, e voltou-se aos grandes temas do compromisso social do enfermeiro, do ensino de enfermagem e sua prática.

Interessa-nos destacar, dentre as recomendações finais desse Congresso de 1979, as primeiras alusões ao que será insistentemente enfatizado como *educação continuada* para enfermeiros. Tanto nesse congresso (entre as resoluções dirigidas ao Ministério da Previdência e Assistência Social, além das recomendações), como nos que se seguiram, destaca-se que, para uma *adequada assistência de enfermagem*, se torna necessário o domínio, pelos profissionais, de um conjunto de *saber* próprio — o *saber específico de enfermagem*. Dessa maneira, a ABEn destaca que a atuação dos enfermeiros se constitui num *campo de estudos próprios*, não apenas *técnicos*, mas *teóricos*, com seus métodos e sua prática compondo o *saber da enfermagem*: este pode e deve ser ministrado não apenas em faculdades, mas, à medida que sua ampliação e desenvolvimento o exijam, *continuadamente*, em quaisquer instituições e em todos os níveis de ensino-aprendizagem *específicos*.

Na mesma linha de raciocínio, quando se justificam determinadas resoluções, fala-se da *redefinição do papel profissional* do enfermeiro, unindo-se o conceito da utilização máxima de suas potencialidades ao de alargamento do *seu saber*, da *identificação* (crítica) *de sua situação profissional* e da *procura de novas soluções* (teoria/prática) para aprimorar seu desempenho, como aparecem na Recomendação.

Por outro lado, ao se dirigirem ao Ministério da Previdência e Assistência Social, os componentes do XXXI Congresso declaram, nas "Resoluções", como deve ser entendida a consulta de enfermagem, para que se possa delimitar suas funções, e torná-la adequada do ponto de vista de seu nível técnico.

Os textos citados aparecem da seguinte forma:

O XXXI Congresso Brasileiro de Enfermagem

Considerando	Recomenda
O enfermeiro e seu compromisso social "que a boa assistência de enfermagem se fundamenta no saber próprio de seus profissionais"	Às escolas ou órgãos coordenadores do curso de graduação em enfermagem "que obtenham a cooperação das instituições de saúde e, juntos, criem programas de educação continuada para enfermeiros, a fim de melhorarem a qualidade de assistência de enfermagem à clientela de saúde".

Considerando	Recomenda
"que a situação atual da enfermagem brasileira está se caracterizando por uma crise, que deverá se resolver, inicialmente, com a utilização máxima das potencialidades do enfermeiro e com a redefinição do seu papel profissional"	Às Comissões de Serviço de Enfermagem da ABEn Central e das Seções "que incentivem os enfermeiros dos serviços, por meio de seminários, pesquisas, oficinas de trabalho e outros meios, a identificar a situação profissional em que os enfermeiros estão diretamente envolvidos para que, diante da crise atual, encontrem e adotem alternativas de solução que assegurem a melhor qualidade da assistência de enfermagem prestada à pessoa, à família e à comunidade".
O enfermeiro e a Previdência e Assistência Social "que poderá ser ampliada a programas da área materno-infantil com mais baixo custo pela melhor utilização da enfermeira obstétrica e do enfermeiro de saúde pública"	Ao Ministério da Previdência e Assistência Social "que estabeleça em suas unidades médico-assistenciais programas que utilizem enfermeiras (os) na assistência à gestante e à criança sadia, incluindo entre suas atividades a consulta de enfermagem".
"que a educação continuada para enfermeiro se configura como uma das condições necessárias para garantir a assistência de enfermagem eficiente e segura"	"que liderem, em junção de recurso, o início, a promoção e o desenvolvimento de um sistema de educação continuada para enfermeiros nas instituições de saúde"
"que por não existir ainda, nas instituições de ensino e de serviço, um consenso sobre os termos da consulta de enfermagem e sua operacionalização"	"que auxiliem os enfermeiros a aprofundar os seus conhecimentos, de modo a realizar a consulta de enfermagem em nível técnico compatível com os objetivos pretendidos"
"que a comunicação profissional exata facilita a prestação de serviço"	"que reservem a denominação "consulta de enfermagem", à atividade própria do enfermeiro"

Fonte: Associação Brasileira de Enfermagem, 1979.

De 2 a 7 de agosto de 1981 aconteceu, em Manaus-AM, o XXXIII Congresso da ABEn, com o tema central "Saúde para todos", comportando os seguintes subtemas: A (o) enfermeira (o) e a enfermagem, A enfermagem e os Serviços da Saúde e A enfermagem e a tecnologia apropriada — Adequação da prática à realidade brasileira.

Nas declarações destacam-se os seguintes aspectos:

a) que à (ao) enfermeira (o) cabe, além das atividades de capacitação e supervisão dos serviços, sua execução direta, em forma de *assistência primária* aos pacientes;
b) que para desempenhar seu compromisso com a sociedade, atuando com responsabilidade na assistência de enfermagem, a (o) profissional deve dominar um *saber* que lhe é próprio;
c) que o aprimoramento desse *saber* deve passar pela atividade fundamental de *pesquisa*.

Vemos, aqui, que, mesmo de forma indireta (reprodução abaixo), a enfermagem propugna a não-exclusão do atendimento direto do paciente na prestação de assistência primária, dentre suas funções nessa área; reafirma a existência e a necessidade de um *saber* específico de sua profissão e considera a formação desse *saber* diretamente relacionada com a pesquisa autônoma.

> O XXXIII Congresso Brasileiro de Enfermagem (...) declara:
>
> A utilização plena do pessoal de enfermagem, como grupo básico na prestação de assistência primária, nas atividades de capacitação, supervisão e execução direta dos serviço, é indispensável a um sistema de saúde eficaz.
>
> É da efetivação do compromisso com a sociedade e do saber profissional que advém a autonomia do agir, diante das responsabilidades inerentes à assistência de enfermagem e ao processo político de saúde do país.
>
> O desenvolvimento da pesquisa em saúde é fundamental à vitalidade do saber profissional, e investir nessa atividade fortalece, necessariamente, a prática científica da enfermagem.

Fonte: Associação Brasileira de Enfermagem, 1981.

Em Porto Alegre-RS, o XXXIV Congresso Brasileiro de Enfermagem aconteceu entre 24 a 29 de outubro de 1982, abordando os temas: "Saúde e educação — estratégia de mudança"; "O papel social do enfermeiro — realidade e perspectiva de mudança"; "Recursos humanos na área de enfermagem — adequação da formação à utilização".

Dentre as declarações aprovadas, ressaltamos a que faz referência às *ações interdisciplinares* dos agentes de saúde, como parte integrante dos denominados *agentes de mudança*, ou seja, pessoas que devem contribuir para a transformação do setor de saúde, numa sociedade mutável. Por sua vez, esses agentes de mudança (incluindo o pessoal de saúde) devem fundamentar-se numa *perspectiva humanística* e numa *visão do momento histórico*, questões que reafirmam as bases das teorias de enfermagem, voltadas às ciências humanas e sociais, sem abrir mão de seu conjunto de *conhecimentos técnico-científicos.*

Por sua vez, ao se fazer referência à extensão de cobertura dos serviços de saúde à população global, houve nova menção à necessidade de capacitação da mão-de-obra especializada de enfermagem, por meio da *educação continuada.*

O conteúdo das declarações assim se apresenta:

> O XXXIV Congresso Brasileiro de Enfermagem (...) declara:
>
> A efetivação das mudanças propostas para o setor saúde, resultantes da transformação da própria sociedade, implica a realização de ações interdisciplinares pelos agentes de mudança, a partir de uma visão do momento histórico e de uma perspectiva humanística, ajustadas aos determinantes de estrutura social e às bases do conhecimento técnico-científico.
>
> O enfermeiro participa no processo de capacitação de recursos humanos de enfermagem por meio de estratégias que incluem a educação continuada, visando à melhoria da assistência de enfermagem prestada à população e assim aumentando a extensão de cobertura.

Fonte: Associação Brasileira de Enfermagem, 1982.

O XXXVII Congresso, que se realizou em Olinda-PE entre os dias 17 a 22 de novembro de 1985, abordou os temas: "Novas diretrizes de ação política para o setor de saúde"; "O exercício da enfermagem nas instituições de saúde das diferentes regiões" e "Prática de enfermagem", nas Regiões Norte e Nordeste e nas Regiões Centro-Oeste, Sudeste e Sul.

Parece-nos que a recomendação mais importante desse Congresso é aquela que faz referência à abordagem do processo saúde/doença como sendo embasado na *compreensão da determinação social.* Finalmente, após duas décadas de governo militar, pode-se declarar, sem receio de represálias, que a teoria enfatizando os aspectos econômico-sociais na etiologia das enfermidades (coexistente com a explicação biologista, conforme vimos no Capítulo 3) pode ser levada em consideração, mesmo em um país onde o capitalismo periférico ou dependente multiplica as condições propiciadoras de determinados tipos de doenças. Em outras palavras, independente do agente causador —, vírus ou bactéria — o "ambiente" socioeconômico em que vive e trabalha a grande maioria da população brasileira (de baixa renda ou marginalizada) é um "caldo de cultura" favorável à disseminação de doenças infectocontagiosas, pouco significativas no quadro nosológico das populações do "primeiro mundo"! Portanto, são as alterações das condições políticas que permitem uma declaração nos moldes em que é redigida a Recomendação desse Congresso:

O XXXVII Congresso Brasileiro de Enfermagem

Considerando	Recomenda
"a importância das ações próprias da assistência ao enfermo como um suporte indispensável à manutenção do equilíbrio da pessoa, em qualquer nível da atenção, e, conseqüentemente, o seu envolvimento na assistência prestada — que o enfermeiro tem a responsabilidade de compreender as determinações sociais do processo de saúde e doença e de interação, promovendo modificações nesses determinantes".	"*aos órgãos formadores e da prestação de serviços* modificações no ensino e na prática de enfermagem e na implementação de pesquisa, voltada para novos métodos, técnicas e abordagens, buscando a compreensão da deteminação social do processo de saúde e de doença".

Fonte: Associação Brasileira de Enfermagem, 1985.

Já em 1986, durante a VIII Conferência Nacional de Saúde — 17 a 21 de março, Brasília-DF —, Antônio Sérgio da Silva Arouca, presidente da Fundação Oswaldo Cruz (Ministério da Saúde, 1986: 35-42), ao abordar o tema "Democracia é Saúde", afirmou textualmente:

> Se uma pessoa ganha pouco e não consegue comprar aquilo que é fundamental para sua sobrevivência, ela não consegue recuperar toda a energia que está gastando no trabalho e, portanto, se enfrequece; se alguém mora mal, não consegue que a sua casa seja uma proteção contra as agressões do meio ambiente; se não tem acesso à educação, não consegue ter aquele conhecimento que lhe permite controlar a natureza. Tudo isso, finalmente, leva à conclusão de que se uma pessoa não come aquilo que é o mínimo necessário e adequado à reprodução da vida, ela se enfraquece e, se enfraquecendo, perde a luta contra a agressão e adoece. Adoecendo, não trabalha e nem pode mais vencer todas as lutas que uma sociedade competitiva lhe coloca. Portanto, trabalha menos, fala menos, mora pior, tem água em piores condições, alimenta-se pior e adoece mais.

Em conseqüência, forma-se um conceito de "ciclo econômico vicioso da doença": não havendo condições de trabalho "dignas e decentes", salários adequados, mora-se mal, come-se mal e a doença é uma conseqüência; se também a assistência de saúde não puder apresentar certo nível, as condições agravam-se e a mão-de-obra "desgastada" ficará à margem do mercado de trabalho, não dispondo de meios e possibilidades de lutar para melhorar a sociedade, e o ciclo se fecha.

Para finalizar, passamos ao XXXIX Congresso da ABEn, que se realizou em Salvador-BA, entre 23 e 27 de novembro de 1987, com os temas: "O processo de trabalho e a divisão do trabalho na enfermagem"; "Inserção da enfermagem no mercado de trabalho" e "Condições de trabalho na enfermagem".

Aqui, salientamos apenas uma consideração incluída no tema "O processo e a divisão do trabalho na enfermagem", que declara formalmente a necessidade, na enfermagem, de uma *relação entre teoria e prática*, num processo contínuo de *realimentação*, ou seja, *que o trabalho de enfermagem não pode ser dissociado de seu embasamento teórico*, como ocorre no campo de atuação de qualquer ciência.

XXXIX Congresso Brasileiro de Enfermagem [em seu item] O Processo e a Divisão de Trabalho na Enfermagem [considera que]

a fundamentação da produção do saber de enfermagem deve ser buscada na relação da teoria e da prática, num movimento contínuo de aproximação e realimentação.

Fonte: Associação Brasileira de Enfermagem, 1987.

Equipes multiprofissionais

Para Arouca (Ministério da Saúde, 1986: 41), a saúde é determinada pela economia, pela política, pela sociedade como um todo, sob a responsabilidade dos profissionais de saúde e outros, assim como dos técnicos, na exeqüibilidade dos projetos e dos meios e dos especialistas em comunicação, pois são necessários entendimento e compreensão da experiência acumulada da estrutura dos serviços de saúde para que o conjunto funcione.

A formação de recursos humanos e a saúde da população estão ligadas ao processo educativo, fundamental nas ações de saúde, na elaboração de planos adequados que permitam organização, execução e avaliação dos serviços na cobertura da assistência à saúde.

A extrema complexidade dos problemas sócio-político-econômicos exige um relacionamento multidisciplinar nas proposições de desenvolvimento para o país. Além do mais, dada a interdependência dos fenômenos sociais, políticos, históricos, geográficos, estes só podem ser avaliados globalmente pelos diversos campos de conhecimento humano.

A continuidade e a excelência dos serviços de saúde integralizados requerem programas educacionais, eficiência, qualidade dos serviços e ritmo no preparo de profissionais para sustentar a crescente demanda. Deve haver um inter-relacionamento dos vários profissionais do campo da saúde, envolvendo pesquisa, na implantação de normas, funções e atribuições.

A multicausalidade das doenças, circunscrita a uma área geográfica, requer dos administradores uma visão integral da saúde na esfera individual, familiar e de comunidade, desencadeando atividades ou programas cuja prática exige coordenação e articulação de todos os recursos existentes.

Por sua vez, Braga (Associação Brasileira de Enfermagem, 1983: 101) assinala que:

> (...) se fala hoje, freqüentemente, de grupos de trabalho, ou de equipes. No campo de ciências da saúde, esta denominação aparece a toda hora. Quais, porém, devem ser os seus membros, quem, é o seu líder, como deve funcionar? Há, evidentemente, uma grande variedade de equipes, ao passo que o seu funcionamento depende dos recursos da instituição onde atua, exigindo, em geral, a cooperação de vários profissionais. Com o advento de organizações mais complexas e com o desenvolvimento de novas profissões e subespecialidades, diversas equipes se formam no campo das ciências da saúde, todas elas dedicadas, de um maneira ou de outra, a fazer funcionar os serviços por cuja criação a sociedade, em última análise, se responsabilizou.

É evidente que a organização e a liderança de uma equipe

> dependerão da natureza do problema a ser enfrentado e da posição de cada um de seus membros em relação aos demais, seja no sentido profissional, seja no plano hierárquico. Quando um médico dela faz parte, tem sido norma dar-lhe a liderança, não porque domine os conhecimentos ou disponha das habilitações pessoais dos outros membros da equipe, mas porque, em virtude do *status* alcançado pela profissão médica ao longo dos tempos, convencionou-se dar-lhe tal posição. O aparecimento dessas equipes em muito veio contribuir para a caracterização da interdependência de determinadas profissões. E se nos detivermos em analisar a composição de qualquer delas, sempre ali encontraremos a enfermeira como elemento fundamental, imprescindível, a assegurar-lhe eficiência. Já houve mesmo quem dissesse que, se dispuser de uma boa enfermeira, tanto faz chamar-se um médico, como um curandeiro...

Nesse sentido, Forjaz (1955:136-137), em meados da década de 1950, já discorria sobre a equipe de saúde, "composta de todos os profissionais que, sob a liderança do médico, elaboram e executam o plano total dos cuidados que exigem os problemas de saúde do paciente". Dessa equipe faz parte, como unidade menor, mas distinta, a equipe de enfermagem, "composta de todas as pessoas que dão cuidados de enfermagem direto ao paciente".

A essa conceituação segue-se uma figura ilustrativa, que a autora toma de empréstimo de Lambertsen, e que aqui reproduzimos, com algumas alterações:

FIGURA 8

Profissionais integrantes da equipe de saúde

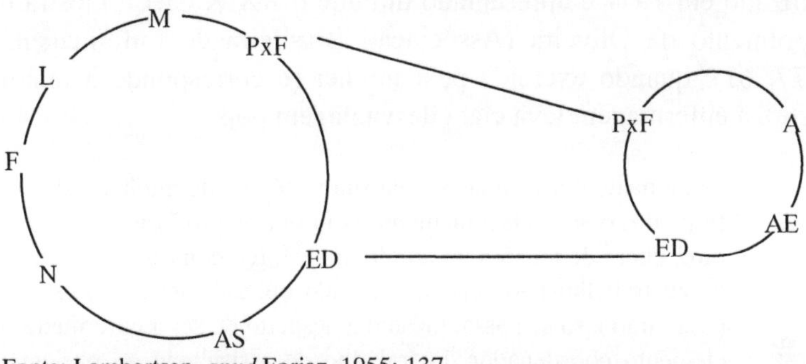

Fonte: Lambertsen, *apud* Forjaz, 1955: 137.

M — Médico
L — Técnico de laborátorio
F — Fisioterapeuta
N — Nutricionista
AS — Assistente social
ED — Enfermeira diplomada
PxF — Paciente x família
AE — Auxiliar de enfermagem
A — Atendente

Com o desenvolvimento de todo o processo que se compõe das ações de promoção, prevenção, cura, reabilitação, alargamento do círculo "paciente x família", o conceito de equipe muldisciplinar passa a englobar uma série de especialistas, oriundos de áreas afins. Um dos exemplos dessa mudança foi apresentado pela professora Maria de Lourdes Locato, em sua tese de livre-docência, referindo-se aos estudantes universitários no Projeto Rondon: os programas básicos envolviam estudantes de "medicina, enfermagem, odontologia, farmácia e bioquímica, biologia, nutrição, serviço social médico e engenharia sanitária" (1976: 8). A atual equipe multiprofissional compõe-se desses e de outros profissionais, cuja atuação não caracteriza apenas o contínuo surgimento de especializações dentro de um "setor" mais amplo, mas, ao contrário, reflete o "agregamento" de outras funções, em um processo de complexidade crescente.

E como fica o papel da enfermeira nessas equipes? Um estudo realizado em 1977 e apresentado durante o XXIX CBEn mostra o depoimento de Oliveira (Associação Brasileira de Enfermagem, 1977: 61): quando exercida pela mulher (e corresponde à maior parte), a enfermagem leva clara desvantagem pois,

> duplamente discriminada, pela sua condição de mulher e de enfermeira, o seu relacionamento com outros profissionais é, não raro, cheio de tensões, exigindo um esforço consciente para que o seu trabalho não seja minimizado ou, até mesmo, ofuscado (...) Tudo isso se passa, mesmo a despeito de ser a enfermeira o elemento coordenador do trabalho de assistência ao paciente; mesmo a despeito de ser a enfermeira (ou a equipe de enfermagem) membro mais permanente da equipe de saúde, estando ao lado do paciente, da família e da comunidade, como elemento de ligação entre as instituições de saúde, interpretando normas, entrosando os vários serviços, compatibilizando atividades, encaminhando providências, enfim, assegurando a continuidade dos cuidados que são prestados aos pacientes nas 24 horas do dia, ininterruptamente e ao longo do ano. Mas tudo isso se passa na organização informal, porque, formalmente, a enfermagem não tem condições.

Será que na década de 1980, alguns anos depois dessa constatação, a enfermeira teve seu papel mais destacado ou reconhecido?

Observemos os resultados de alguns estudos sobre "satisfação no trabalho", em relação aos enfermeiros em geral:

> (...) a existência, nos estabelecimentos de saúde, das condições consideradas importantes [para maior eficiência e satisfação no trabalho] depende, principalmente, *do reconhecimento da enfermagem como atividade básica da instituição* ...; ... as queixas, em geral, dizem respeito a: escassez de pessoal de enfermagem, não-divisão técnica do trabalho, ausência de programa de educação contínua, escassez de material e equipamento, ausência de trabalho interdisciplinar e *pouca participação dos enfermeiros no planejamento, execução e avaliação de programas* (grifo nosso sobre o texto do Conselho Federal de Enfermagem, 1985: I 199-205).
>
> No entanto, o pessoal de enfermagem, há algum tempo, vem demonstrando sua insatisfação com as funções desempenhadas (...). É fundamental tornar claro que a enfermagem não pode mais ser encarada como "arte e vocação" (...). O desenvolvimento da enfermagem deve ser estudado como resultado não de esforços individuais, mas da relação econômica, política e ideológica do setor de saúde com a sociedade (Melo, 1986: 87).

Para a enfermagem, como categoria, as questões que são consideradas como seus principais problemas incluem: "a indefinição de papéis, *o desprestígio, a falta de autonomia*" (Silva, 1986: 128, grifo nosso).

Quanto à década de 1990, esta apenas agora se inicia. Será necessário esperar, talvez, mais um ano para poder observar se houve alguma mudança significativa, nesse aspecto, decorrente de modificações mais amplas no setor de saúde.

A enfermagem no ambulatório

A Assembléia de Delegados, no encontro promovido pela Associação Brasileira de Enfermagem, realizado em São Paulo, no ano de 1983, definiu a competência dos enfermeiros que atuam em ambulatórios, estabelecendo seu perfil por meio das seguintes atividades:

1) planejar, coordenar e supervisionar a assistência de enfermagem;

2) efetuar consultas de enfermagem nos programas materno-infantil, saúde mental, doenças degenerativas crônicas e de infecções respiratórias agudas;
3) prestar cuidados diretos a clientes de risco;
4) controlar a qualidade dos registros de enfermagem;
5) realizar pesquisas operacionais e participar de outros estudos desenvolvidos na unidade;
6) administrar o serviço de enfermagem, fazendo:
   - a distribuição das atividades de enfermagem e a programação de férias;
   - a promoção de assiduidade, pontualidade e disciplina do pessoal de enfermagem;
   - a promoção de medidas relativas à higiene e segurança do trabalho;
   - a previsão de material, sua reposição, conservação e preparo adequado;
7) promover a participação da comunidade em programas de saúde;
8) participar do planejamento, execução e avaliação dos programas de saúde e dos planos assistenciais;
9) cooperar com as instituições de ensino locais;
10) avaliar o desempenho do serviço de enfermagem em termos quantitativos e qualitativos;
11) planejar a educação continuada do pessoal de enfermagem;
12) promover e participar da execução do treinamento do pessoal de enfermagem;
13) estimular a articulação entre instituições de saúde da região (Associação Brasileira de Enfermagem, 1983: 216-217).

Observamos que, dentre as atividades listadas, não se inclui a possibilidade de triagem de pacientes para consultar, executada por enfermeiros. Na realidade, em poucos ambulatórios tal prática já se tornou rotina, e mesmo nesses persistem dúvidas sobre a capacidade de os profissionais de enfermagem executá-la. Um estudo feito por Vinha *et al.*, em 1987, no ambulatório geral do Hospital-Escola de Ribeirão Preto, permitiu encaminhamentos e número de acertos e de erros. Da mesma forma, verificam-se os resultados das atividades da enfermeira, no que se refere aos mesmos acertos e erros, quando a triagem foi realizada apenas por ela. A Tebela 1 apresenta os dados indicados pelas autoras.

TABELA 1

Triagem e encaminhamentos feitos pelos profissionais às diversas áreas do ambulatório de primeiro atendimento

	Encaminhamentos feitos pela enfermeira					**Encaminhamentos feitos pelo médico e pela enfermeira**					
						Médico			**Enfermeira**		
Áreas do Ambulatório	Acertos		Erros		Total	Acertos	Erros	Total	Acertos	Erros	Total
	Nº	%	Nº	%	Nº	Nº	Nº	Nº	Nº	Nº	Nº
Psiquiatria	80	98,8	1	1,2	81	10	2	12	12	0	12
Ginecologia e Obstet.	170	98,8	2	1,2	172	8	0	8	7	1	8
Ortopedia	51	96,2	2	3,8	53	10	2	12	12	0	12
Neurologia	28	96,5	1	3,4	29	15	2	17	12	5	17
Moléstias Infecciosas	2	100,0	0	0	2	-	-	-	-	-	-
Endoscopia	0	0	1	100,0	1	0	1	1	1	0	1
Dermatologia	8	100,0	0	0	8	1	1	2	2	0	2
Otorrinolarin-gologia	51	92,7	4	7,8	55	4	1	5	2	3	5
Clínica Médica	-	-	-	-	-	90	5	95	82	13	95
Cirurgia	-	-	-	-	-	3	0	3	2	1	3
Total	390	97,2	11	2,7	401	141	14	155	132	23	155

Fonte: Vinha *et al.*, 1987: 154.

Antes de examinarmos os resultados, é preciso frisar a declaração das autoras de que a enfermeira, ao fazer triagem, não tinha a seu dispor o prontuário do paciente, nem nos casos em que o encaminhamento foi por ela decidido, nem nos em que simplesmente anotou sua opinião, cabendo ao médico o encaminhamento efetivo (casos de duplicidade); por sua vez, o médico sempre decidiu, tendo em mãos o prontuário. Outro aspecto refere-se aos denominados "acertos" e "erros": foi considerado "acerto" quando o encaminhamento resultou em efetiva consulta com os especialistas ou setor designados, e "erro", os casos de reencaminhamento em que o setor ou o médico designado consideraram que o caso deveria ser examinado por outro especialista/setor.

Constata-se, na Tabela 1, que o percentual de acertos da enfermeira se encontra em 97,2%, considerado muito bom; quanto à relação entre acertos médicos e da enfermeira, 91,0% e 85,2%, respectivamente, apresentando-se a diferença entre os dois inferior a 10%, pode-se dizer que não houve diferença significativa entre eles. Em conseqüência, empregando-se o critério da eficácia, conclui-se que a triagem, quando executada por enfermeiros, é tão eficaz (em termos de seleção) quanto a feita por um médico. Porém, o fundamento da eficiência deve levar em conta o custo (salário mensal x carga horária) por hora/atividade: as autoras verificaram que "o custo por hora de uma enfermeira é 56,9% menor que o de um médico" (1987: 155). Portanto, a triagem realizada por enfermeiros é mais eficiente (em termos de custo).

Em conclusão, a proposição das autoras é que dentre as funções dos enfermeiros, no ambulatório, deve ser incluída a de executar a triagem, *tendo em mãos o prontuário* do paciente, pois tal atividade comprovou-se ser tão eficaz quanto a realizada por médicos, e mais eficiente.

A consulta de enfermagem

Um dos aspectos mais controvertidos das funções de enfermeiros, sem dúvida, é consulta de enfermagem. Apresenta como recomendações e/ou declarações dos Congressos Brasileiros de Enfermagem e em outras reuniões. Analisada por especialistas, em termos de proposições, a consulta de enfermagem é objeto de incompreensão por parte da classe médica. As mais diversas instituições, como o Inamps, e entidades de classe de medicina têm entrado em contato com o Cofen (Conselho Federal de Enfermagem) com a finalidade de esclarecer em que consiste esse tipo de consulta e em que se diferencia da consulta médica. A questão subjacente a tais atitudes é a de "resguardar" o campo de atuação dos médicos de eventuais "invasões" por parte dos enfermeiros, que podem, assim, reivindicar um "corpo de conhecimentos" privativo dos médicos para a execução da função da "consulta de enfermagem"!

Ora, há que se determinar apenas as características profundidade, abrangência e limitações, para se verificar que apresentam *aspectos em comum* com a consulta médica e *particularidades* que as diferenciam e que repousam em determinados pressupostos básicos que foram sendo introduzidos aos poucos, à medida que a própria função de enfermagem se institucionalizava e se diferenciava das demais do campo de saúde.

Portanto, certos antecedentes, fundamentados em pressupostos básicos da teoria/prática da enfermagem, podem ser destacados:

a) a partir da década de 1920, entrevistas *pós-clínicas* eram executadas por enfermeiras, a princípio em relação a mulheres que se apresentavam como portadoras de doenças sexualmente transmitidas, abrangendo, a seguir, gestantes, mães e pacientes com tuberculose;
b) a Fundação Sesp (Serviço Especial de Saúde Pública), na década de 1960, introduziu, de forma experimental, em suas unidades de saúde, o atendimento de enfermagem voltado tanto às gestantes sadias como às crianças sadias;
c) surge, em 1968, a denominação "consulta de enfermagem". À época, era compreendida em termos de *atividade final*, como, por exemplo, as consultas médicas e odontológicas, a vacinação e as visitas domiciliárias. Dirigia-se, prioritariamente, ao mesmo grupo inicial — materno-infantil —, passando a ser estendida a grupos específicos da população, inscritos em programas de saúde, cuja finalidade era o controle de doenças transmissíveis (tuberculose, hanseníase) e algumas crônico-degenerativas (diabetes, hipertensão);
d) a consulta de enfermagem foi legalizada como *atividade privativa de enfermagem* pela Lei nº 7.498 de 25/06/86 e Decreto nº 94.406, de 08/06/87;
e) ao reafirmar a necessidade da consulta de enfermagem, a Reforma Sanitária geral, que se iniciou em 1988, e que preconizou a universalidade, a eqüidade, a resolubilidade e a integralidade das ações de saúde, tem por objetivo contribuir para a aplicação desses princípios finalísticos;
f) a consulta de enfermagem volta-se, principalmente, ao controle da evolução de certas patologias de natureza transmissível e crônico-degenerativas, assim como à avaliação do

estado de saúde das pessoas durante o ciclo vital de gestação, nascimento e crescimento;

g) no que se refere aos processos de promoção, proteção, recuperação e reabilitação da saúde, tem cunho educativo, pois prepara indivíduos e famílias para o autocuidado nesses aspectos;

h) as consultas de enfermagem são prestadas, usualmente, de forma intercalada com as médicas; seu número e freqüência são determinados por meio de cronogramas, que os serviços de saúde estabelecem;

i) um dos componentes indispensáveis na consulta de enfermagem refere-se ao exame físico, que compreende as técnicas de inspeção, palpação, percussão e ausculta, que visam à identificação de evidências físicas de capacidade ou incapacidade funcional dos pacientes. Ora, tal ação requer, por parte do enfermeiro, a distinção exata de sinais normais e anormais, graus de normalidade referentes a um mesmo paciente ou sua variação entre diferentes indivíduos. Portanto, se o ato sensorial, de percepção, encontra-se nessa atividade, ele deve aparecer ligado ao processo conceptual de forma interdependente, caso contrário, não ocorre o relacionamento dos sinais encontrados com a tomada de decisão do enfermeiro;

j) a fim de poder exercer tais técnicas, o enfermeiro deve ser dotado de preparo adicional em semiotécnica. Os cursos de capacitação técnico-pedagógicos têm fornecido essa preparação;

k) a consulta de enfermagem tem presente o fato de que, constatados sinais e/ou sintomas de patologia ou suas exacerbações, ou ainda alterações na evolução previsível da(s) doença(s), o paciente assim identificado deve ser encaminhado para a consulta médica e/ou para outros profissionais requeridos.

O Quadro V apresenta, de forma comparativa, os aspectos comuns e os específicos da consulta de enfermagem em relação à médica:

QUADRO V

Discriminação dos aspectos — comuns e específicos — da consulta de enfermagem e da consulta médica

Itens	Aspectos comuns e específicos	
	Consulta de enfermagem	Consulta médica
1. Finalidade	Contribuir para a ativação dos princípios da universalidade, eqüidade, resolubilidade e integralidade das ações de saúde.	A mesma.
2. População-alvo	Determinados grupos da população abrangidos por programas de saúde, tais como: saúde da mulher, saúde da criança, controle das doenças transmissíveis — tuberculose e hanseníase e crônico-degenerativas —, diabetes e hipertensão. Pacientes ostomizados.	Sem restrições.
3. Preparo adicional	Inclusão de treinamento em semiotécnica no currículo de capacitação técnico-pedagógica para enfermeiros.	—
4. Patologias	Inclui o atendimento a determinadas patologias de natureza simples e de evolução previsível (exemplificadas no Anexo 1) e doenças de caráter crônico (infecciosas e não-infecciosas).	Sem restrições.
5. Processo assistencial	Metodologia da assistência de enfermagem fundamentada num marco teórico.	Metodologia de assistência médica.
Fases 5.1. Levantamento da situação/histórico de enfermagem * Entrevista	Envolve o levantamento de dados pessoais e da família relacionados com as necessidades biopsicossociais, crescimento e desenvolvimento, quando requerido, e alterações decorrentes da patologia, quando indicado. Requer avaliação da importância clara e concisa, porém global, que documentava os fatos e orientava para uma avaliação apropriada.	Anamnese/histórica média. Dados de identificação do cliente: queixas principais: história da doença atual; história patológica pregressa; história familiar; história psicossocial; revisão dos sistemas.
* Exame físico	Inclui mensuração de sinais vitais, perímetros, altura uterina, envergadura, estatura e peso, conforme necessidade; inspeção, ausculta, palpação e percussão, técnicas estas caracterizadas pela alta acuidade e baixa especificidade,** a fim de identificar sinais normais e de anormalidade. Requer o inter-relacionamento entre o ato de percepção e o processo conceptual.	Exame físico Idem, porém caracterizado pela alta acuidade e alta especificidade.

Itens	Aspectos comuns e específicos	
	Consulta de enfermagem	**Consulta médica**
5.2. Diagnóstico de enfermagem	Envolve um processo de análise e interpretação das informações obtidas (inclusive de resultados de exames laboratoriais) visando à tomada de decisão sobre a avaliação da situação de saúde da clientela, em termos de normalidade e anormalidade. Nesta última condição, o cliente é encaminhado para consulta médica, excetuando alguns problemas de saúde, identificados em nível individual e da família, abrangendo atuação no serviço de saúde, domicílio e comunidade (escabiose, estrófulo, fimose, granuloma umbilical, impetigo, infecções respiratórias agudas, intertrigo, monilíase oral, pediculose, fissura do mamilo, mastite, vulvovaginites, obstipação intestinal, lagoftalmo, lipodistrofia insulínica, neurite insipiente, perda da sensibilidade tátil, térmica e dolorosa, reação local na área de aplicação de insulina e de outros medicamentos, úlcera (varicosa, plantar e de decúbito), xerodermias em pacientes portadores de hanseníase, lesões cutâneas peri e paraostomal, lesões traumáticas (bolha, calosidade, solução de continuidade).	Diagnóstico médico. Confirmação de hipóteses diagnósticas de situações de saúde consideradas normais ou anormais. Solicitação, se necessário, de exames laboratoriais e complementares especializados e/ou encaminhamento do cliente para especialistas.
5.3. Prescrição de enfermagem/plano de cuidados e implementação da assistência	Determinação e execução de ações voltadas para o atendimento dos problemas identificados e que incluem: indicação de medicamentos e tratamentos, vacinas, exames laboratoriais, orientação alimentar, etc., estabelecidos pelo serviço de saúde, e encaminhamentos para outros profissionais.	Prescrição médica. Determinação e execução de ações médicas que incluem: orientação, indicação de tratamento e outros procedimentos, conforme a patologia diagnosticada.
5.4. Evolução/avaliação	Compreende o acompanhamento e a análise da evolução da situação de saúde do cliente, em face das ações implementadas pelo enfermeiro, cliente e família. Essa fase é básica para o reinício do processo assistencial.	Evolução. Acompanhamento e análise da evolução da situação do cliente em termos de resolução ou não dos problemas identificados em face das ações implementadas. Idem.

Fonte: Adami *et al.* (*Acta Paulista de Enfermagem*, mar. 1989: 11-12).

** Acuidade: capacidade de identificar disfunção orgânica. Especificidade: capacidade de identificar o grau e a natureza da disfunção orgânica.

Críticas ao "modelo" de enfermagem no Brasil

Os modelos de atendimento sanitário e de saúde deveriam ter por finalidade facilitar o acesso de toda a população aos serviços de saúde. Estes deveriam corresponder às aspirações da população, e, para tal, seria adequado que esta tivesse representatividade nos órgãos decisórios. Aos planejadores caberia avaliar as dificuldades e encontrar as estratégias de ação mais adequadas à consecução dos objetivos propostos.

É preciso que o modelo escolhido utilize, de maneira eficaz e racional, os vários profissionais de saúde, definindo as responsabilidades e autoridade de cada um nas várias etapas do atendimento ao paciente e à população em geral (como essa atuação também engloba os processos preventivos, não se pode falar sempre em paciente), visando propiciar-lhes a atenção continuada de saúde nos vários níveis de assistência, seja na ocorrência de doença, seja na necessidade de outros serviços.

Contraditoriamente ao acima exposto, o quadro atual dos serviços de saúde no Brasil é a tendência à privatização, calcada na especialização dos profissionais de saúde, e, conseqüentemente, elitista, capaz de atender apenas algumas das camadas da população urbana. Esse modelo de atendimento, predominantemente curativo, individualista, reducionista e de efeitos temporários, por mais sofisticados que sejam seus recursos, está longe de atingir o ideal de assistência à saúde, que é o atendimento global do indivíduo, no contexto de sua família e comunidade.

A predominância, nos serviços de saúde da atual estrutura, está voltada para as ações médicas, inexistindo uma compreensão do significado do retorno do trabalho de enfermeira, a longo prazo. Isso porque a atividade desta, embora abarcando o atendimento imediato, engloba também a prevenção e a educação sanitária. Essa atividade, que pode ser desenvolvida em grupos de atendidos com uma mesma deficiência física ou social, gera resultados profícuos. Também a equipe multiprofissional apresenta resultados promissores e, num processo contínuo, leva a menores custos e melhores condições sanitárias do paciente.

A crise do setor de saúde tem sua origem no processo político, econômico e social brasileiro, portanto depende de ação conjunta e integrada da sociedade, da organização desta, pois somente profundas mudanças no comportamento e na qualidade de vida da população podem trazer uma transformação no quadro geral da saúde do povo brasileiro.

A Reforma Sanitária, que configurou o Sistema Nacional de Saúde, não é realmente um fato novo, pois há muito se vem estudando essa proposta. Pretende-se que, para sua implantação, se faça um criterioso levantamento das necessidades de saúde da população, tipo de clientes a serem atendidos, da disponibilidade de recursos humanos, tal como preconiza Ribeiro (Associação Brasileira de Enfermagem, 1977: 55):

> A avaliação, processo pelo qual o valor, a extensão, a magnitude, a natureza ou o caráter de uma coisa são estimados, julgados, determinados ou mensurados, deve ser atividade contínua, de forma a assegurar que os resultados sejam obtidos segundo os modelos, os padrões e os planos estabelecidos.

Dentro desse princípio de permanente avaliação, a política de saúde, levando em conta os elementos anteriormente mencionados, determina uma estrutura organizacional, com a qual se articulam a definição das atribuições, a competência com a estrutura de pessoal e as técnicas e procedimentos adequados à estrutura funcional e material.

A enfermagem se posicionou, com relação ao Sistema Nacional de Saúde, por meio de três marcos decisivos: pela modernização da política nacional, pela III Reunião Especial de Ministros de Saúde das Américas ou Plano Decenal e pelas variedades de publicações pertinentes. Nesse sentido, Sobreira e Colo afirmam que

> a modernização da política nacional de saúde favoreceu, ainda, o atendimento às necessidades básicas de saúde, tanto nos aspectos de promoção e conservação como nos de recuperação e prevenção das doenças, abrangendo, dessa forma, os níveis de prevenção primária, secundária e terciária (*Revista Brasileira de Enfermagem*, jan./fev./mar. 1981:17).

Porém, enquanto a administração e a supervisão da equipe de enfermagem constituem atividades bastante desenvolvidas pelas enfermeiras, as técnico-assistenciais, que são as capazes de evidenciar a perícia e a excelência do trabalho profissional, são negligenciadas. Da mesma forma, exercendo a coordenação da equipe de saúde de fato, mas não de diretio, muito embora seja esta a característica apontada como a da enfermeira, ela estará distanciada da verdadeira integração da enfermagem enquanto não se dispuser a transmitir, de maneira continuada, sua formação prático-teórica, transferindo o conhecimento, aprimorando o pessoal para o desenvolvimento das atividades intersetoriais. Todos esses fatores contribuem para a queda do *status* da enfermagem, como atividade técnico-assistencial, de supervisão e administração, de integração multiprofissional e de ensino. A imagem da enfermeira na sociedade brasileira, consideram Carvalho e Castro (Associação Brasileira de Enfermagem, 1979: 53-54), é distorcida, pois esta se configura apenas a partir do reconhecimento do valor dos serviços prestados, diferentemente, aos clientes. Entretanto, o processo de enfermagem é decisório, mas, para a sua aplicabilidade e continuidade, requer insumos, planejamento, organização na esfera institucional:

> A prática é que determina a posição e o *status* da enfermeira na sociedade. Tanto mais elevados serão essa posição e esse *status*, quanto mais adequada a prática às necessidades e expectativas sociais e quanto mais valorizados forem os problemas que a profissão se propõe a resolver.

Afirma Barros (*Revista Brasileira de Enfermagem*, jul./dez. 1981: 232) que os serviços de enfermagem em todo o país apresentam “sinais característicos de uma assistência de enfermagem precária e deficitária”. Mas a capacidade da enfermeira não se esgota devido à escassez de recursos, nem é totalmente dependente deles, pois sua relação com o paciente é direta, sendo sua eficácia medida na continuidade da sistematização dos cuidados definidos pela enfermagem.

As ações integradas de saúde exigem do profissional de enfermagem a participação assistencial, administrativa e educativa.

Esse novo papel da enfermeira se faz imperioso para que se atualize a resposta ao desafio da assistência à saúde, por meio das unidades de saúde, dos ambulatórios, dos hospitais, onde a enfermeira estará orientando o treinamento e supervisionando o pessoal auxiliar. Para tal, faz-se necessária uma adaptação dos currículos e dos programas de ensino de cursos de graduação de enfermagem, moldando-os a partir do ensino de modelos teóricos aplicáveis às situações concretas, com incentivo à execução das tarefas de enfermagem, devidamente documentadas com registros pertinentes e integrando adequadamente os sistemas formador e utilizador dos recursos humanos. Também seria necessário fazer mudanças no ensino dos técnicos e auxiliares de enfermagem.

Essas mudanças representam a saída de uma situação antiga e desgastada marcada pela dependência, passividade, subalternidade e deferência diante de outros profissionais de saúde. Há necessidade de atualizar e reconhecer a prática de enfermagem, que deve ser estruturada com base na competência técnica, no profundo senso de responsabilidade, na autonomia de decisão, nos assuntos referentes à enfermagem propriamente dita, na liderança da equipe de enfermagem e na coordenação da ação interdisciplinar da assistência ao paciente.

Na prática, verifica-se que as funções desempenhadas pelos enfermeiros são caracterizadas pelos aspectos administrativos e de supervisão do pessoal auxiliar, enquanto os aspectos técnico-assistenciais são relegados a um segundo plano. Silva (Associação Brasileira de Enfermagem, 1979: 27-30) afirma que se percebe uma ambigüidade no conteúdo do *status* e do papel da enfermeira, em relação ao dilema: cuidado direto ao paciente *versus* atividades da supervisão e administração. Tal conflito seria, se não superado, ao menos atenuado pelas equipes multiprofissionais. Mas, por enquanto, a organização do trabalho em equipes multiprofissionais ainda não é instrumento de mudança, restringindo-se a uma medida administrativa racionalizada e minimizadora de custos, mas não integrada com a realidade de saúde da população. Na verdade, os problemas de saúde e da enfermagem no Brasil são decorrentes da sua situação socioeconômica capitalista periférica, que tem a característica de favorecer as classes dominantes nacionais e internacionais, em prejuízo da formação nuclear da estrutura socioeconômica, cultural e política da nação, conforme esclarece Silva (Associação Brasileira de Enfermagem, 1979: 27-30).

Por outro lado, Oguisso, Schmidt (Associação Brasileira de Enfermagem, 1979: 47) consideram que "a evolução sociocultural, as necessidades humanas, as situações de crise e os desafios surgem na enfermagem como fatores condicionantes para adaptação e até mudança dos seus papéis". Historicamente, isso tem sido verdadeiro. Resta saber se, entre nós, também se confirmará essa dado. Já em 1957, a Associação Brasileira de Enfermagem (1979: 14), que investigou, em nível nacional, o déficit existente de enfermeiros, assim como os desvios de funções, por meio de um "levantamento sobre os recursos e necessidades de enfermagem no país", concluiu que

> quando o público se tornar consciente do cuidado a que faz jus quando hospitalizado, e quando os legisladores, os governantes, os médicos e enfermeiros entenderem como os problemas de saúde são afetados pela deficiência qualitativa e quantitativa dos serviços e pessoal de enfermagem, caminhos novos se abrirão na solução dos problemas.

Para que isso se efetivasse, a cultura organizacional precisaria estabelecer e reforçar sua filosofia institucional, seu sistema de valores, levando à derrubada de mitos e preconceitos, e, em um gesto de coragem e audácia administrativas, propor não a quebra ou a ruptura estrutural, mas um "caminho diferente" de praticar a assistência à saúde: de forma consciente, engajada e sem destruição das conquistas, e ao mesmo tempo democrática.

Afirma Fernandes (*Revista Brasileira de Enfermagem*, abr./maio/jun. 1981: 175) que

> falta uma caracterização mais integrativa dos profissionais e de suas ações (...) Falta maior conteúdo de aspectos sociais e políticos para facilitar um melhor desempenho social e não somente técnico. Falta uma sistematização, um referencial teórico, que permita a análise e discussão do papel de enfermeira e a identificação dos obstáculos encontrados na implantação das equipes multiprofissionais.

O problema é que a prática social da enfermagem deixa lacunas de base teórico-metodológica, e as condições de trabalho não são definidas. Ainda existem questões que envolvem o grupo com respostas de caráter temporário e provisório: a estrutura de ocupação dos agentes praticantes, o modo como se situam administrativamente nas estruturas de saúde as atividades realizadas pelos integrantes da equipe de saúde, e as técnicas e procedimentos utilizados no exercício dessa prática. A expectativa de mudança em vista do ritmo acelerado das aquisições tecnológicas e científicas é ilusória. No mercado de trabalho, afirmam Santos, Vieira (Associação Brasileira de Enfermagem, 1979: 88), a enfermagem não tem identidade profissional, executando "parcelas simples do processo produtivo". Suas funções acabam sendo supridas pelo atendente de enfermagem, com considerável queda na qualidade da assistência à população, "razão primeira da nossa existência como profissão".

Lima *et al.* (Associação Brasileira de Enfermagem, 1979: 36) consideram o compromisso social do enfermeiro uma necessidade para que ele não se marginalize, mas seja o agente de mudança na modelagem de um novo tempo.

Na busca de uma mudança concreta na prática dos serviços de saúde no Brasil, deve-se, necessariamente, exercer uma ação política junto a outros grupos profissionais e lutar pela organização de equipe de enfermagem para debater, mudar, dinamizar a saúde brasileira, identificando e explicitando o espaço de ação de cada profissional. Somente o aprimoramento técnico, a consciência de união e identidade profissional e a dedicação à pesquisa poderão superar os problemas da atual crise de enfermagem.

Parte III

A pesquisa: aspectos da realidade (o *ser* em contraposição ao *dever ser*)

Capítulo 5

A enfermagem e o ambulatório: como a realidade se insere no "modelo"

Metodologia e técnicas da pesquisa de campo

Para verificarmos a realidade dos ambulatórios médicos ligados a instituições hospitalares da cidade de São Paulo, fizemos uma pesquisa de campo envolvendo três níveis de profissionais ligados à área: o administrador ou diretor do hospital, a pessoa responsável pelo ambulatório e a enfermeira ou as enfermeiras da instituição. Tivemos dificuldades na definição das pessoas competentes para responderem ao nosso formulário, pois cada instituição segue um modelo diferente de organograma e muitas vezes não existe um único responsável pelo ambulatório. Nesses casos, optou-se pelo supervisor do corpo médico.

Com relação à determinação da amostra, tomamos como base o Sistema de Controle Hospitalar (situação em 31/07/88) do Centro de Informações de Saúde da Secretaria de Estado da Saúde de São Paulo. Em cada uma das oito regiões do Suds, dentre os hospitais psiquiátricos por sua especificidade, escolheu-se uma amostra proporcional ao número de unidades da região, buscando representar tanto as entidades públicas como as filantrópicas e particulares.

Dentre os hospitais selecionados, tiveram de ser substituídos os seguintes: Hospital São Camilo e Hospital Cristo Rei, por não mais terem um ambulatório em funcionamento; o Hospital Municipal do Tatuapé, por estar em fase de reformulação administrativa, a qual incluía o ambulatório; o Hospital Zona Sul, porque recusou-se a dar entrevistas, a menos que fosse obtida uma ordem da Secretaria da Saúde. Finalmente, chegamos à seguinte relação de quinze unidades hospitalares, com sua classificação administrativa e área do Suds:

QUADRO VI
Hospitais — classificação e áreas do Suds

Nome		Finalidade	Área
1	Amparo Maternal	Privado-Filantrópica	Vila Prudente
2	Menino Jesus	Gov.Mun.-Adm.Direta	Centro
3	Hospital das Clínicas	Gov.Est.-Autarquia	Butantã
4	Servidor Público Estadual	Gov.Est.-Adm.Direta	Centro
5	Darcy Vargas	Gov.Fed.-Autarquia	Butantã
6	Adventista	Privado-Filantrópica	Centro
7	São Paulo	Privado-Fundação	Vila Prudente
8	Santa Casa Santo Amparo	Privado-Filantrópica	Santo Amparo
9	Mandaqui	Gov.Est.-Adm.Direta	Mandaqui
10	Sorocabano	Privado-Não Lucrativa	Butantã
11	Casa Verde	Privado-Lucrativa	N. Senhora do Ó
12	Albert Einstein	Privado-Filantrópica	Centro
13	Santa Marcelina	Privado-Filantrópica	Itaquera
14	Brigadeiro	Gov.Fed.-Empresa Pub.	Centro
15	Leonor Mendes de Barros	Gov.Est.-Adm. Direta	Penha

Todos esses hospitais foram visitados para entrevistas com as pessoas indicadas pela própria instituição como capazes de fornecer maior número de dados a respeito do ambulatório. Não foi possível obter respostas ao nosso formulário no Hospital das Clínicas, apesar de gentis esforços de seu Serviço de Relações Públicas, pois as exigências burocráticas levariam a uma espera de quarenta dias para obter permissão para nossa pesquisa. Também não conseguimos que a direção do Hospital São Paulo nos recebesse, de modo que, na parte referente à administração, ficam faltando as respostas referentes a essa instituição. Tampouco foi possível entrevistar o médico responsável pelo ambulatório do Hospital Sorocabano. Na parte referente à enfermeira, faltam cinco instituições, seja porque não têm enfermeira no ambulatório, e sim auxiliares, seja porque aquela estivesse de licença, ou ainda que o cargo estivesse vago por falta de candidata a preenchê-lo.

Como instrumento de pesquisas utilizamos:

a) para os administradores, entrevista não-estruturada, com seis questões abertas e possibilidades de acréscimo de informações não-previstas;
b) para os supervisores e enfermeiras, empregamos os formulários semi-estruturados, com perguntas de múltipla escolha e também abertas.

Todas as entrevistas foram previamente marcadas por telefone, diga-se de passagem com grandes dificuldades. Muitas vezes, o telefone do hospital tocava durante longo tempo sem que fosse atendido; também era comum estar ocupado por amplos períodos; as telefonistas, normalmente, não sabiam informar quem era o administrador do hospital, e muito menos quem respondia pelo ambulatório. Apesar de tudo isso, em alguns casos, quando conseguíamos chegar às responsáveis, havia boa vontade em prestar informações. Como regra geral, podemos afirmar que a receptividade à nossa pesquisa correspondia a ambulatórios com pequenas filas, enquanto nos locais mais desorganizados e tumultuados ocorria o contrário.

A visão dos administradores/diretores dos hospitais

A posição do ambulatório no organograma do hospital

Com relação à situação do ambulatório na estrutura hospitalar, encontramos diversas formas de organização nas instituições examinadas. Uma primeira é aquela em que os médicos estão submetidos a um diretor de sua área, o qual se reporta à Diretoria-Geral, e a enfermagem funciona como outro departamento:

- o ambulatório está na Diretoria de Divisão Médica;
- está ligado à Diretoria de Divisão Médica por intermédio da Diretoria de Serviços Médicos de Atendimento Especializado;
- a enfermagem fica sob supervisão de uma gerência, exercida por um administrador, e há também um médico responsável.

Essa divisão administrativa entre serviços médicos e de enfermagem parece ser predominante nas instituições menores, privadas ou filantrópicas, mas também pode ser encontrada em alguns hospitais públicos. Os administradores não parecem ver problema no fato de que os médicos e enfermeiras(os) não tenham atividades administrativas conjuntas em níveis abaixo da diretoria geral do hospital. A muitos deles parece lógico que o ambulatório não tenha um supervisor geral.

Em alguns hospitais, predominantemente nos públicos de grande porte, pode-se encontrar uma subdivisão administrativa mais detalhada, com unidades de apoio técnico, gerenciamento de material e suprimentos feitos por administradores hospitalares, etc.

Encontramos também um modelo de organização que coloca ambulatório, pronto-socorro e pronto antedimento dentro de uma mesma divisão. Nesse caso, em pequenos hospitais privados e filantrópicos existe alguma confusão entre o serviço ambulatorial e o de emergência. Contudo, esse fato só pôde ser observado em duas unidades visitadas. Em todos os demais, delineia-se com clareza a função do ambulatório, distintamente da do pronto-socorro e pronto antedimento.

Finalmente, em ambulatórios muito diversificados, pode ocorrer que cada especialidade seja ligada à sua clínica, havendo também um serviço de enfermagem e de funções especificamente administrativas, como escriturários e recepcionistas. Esse tipo de organograma parece gerar dificuldades muito grandes na organização do serviço, resultando em trabalho extra para o responsável pelo ambulatório.

O ambulatório tanto pode estar ligado diretamente à Diretoria-Geral, ou Superintendência, como pode ser um setor da divisão de pacientes externos.

Encontramos um único hospital público de grande porte, no qual a administração do ambulatório está a cargo de uma enfermeira, havendo outra enfermeira que chefia o pessoal específico da área, e um médico que se reporta à supervisora do ambulatório. Esse modelo organizacional foi adotado pela direção-geral do hospital, por considerar que a enfermeira está no local permanentemente e mais próxima do paciente. O ambulatório em questão, que é de especialidades pediátricas, funciona com bastante eficiência, embora o hospital se queixe de que chegam ali muitos pacientes que deveriam ser atendidos nos postos de saúde.

Atuação do ambulatório no fluxograma

A idéia de delinear os encaminhamentos por meio do fluxograma não parece ser utilizada pelos administradores entrevistados. Quando a pergunta foi colocada dessa maneira, ela não obtinha resposta. Era preciso então reformulá-la perguntando a respeito do encaminhamento dos pacientes e de elementos de outros setores para o ambulatório e vice-versa. Temos como resultado constante os seguintes dados:

- Os pacientes vêm geralmente de outras unidades de saúde (postos) ou procuram espontaneamente o hospital. Em casos de hospitais secundários e terciários (com maior nível de especialização), eles podem ter sido encaminhados de outros hospitais.
- Após a primeira consulta, o paciente pode ser encaminhado para internação em uma das clínicas do hospital, pode ser tratado no próprio ambulatório ou reencaminhado ao posto de saúde mais próximo de sua residência. Este último caso só ocorre quando, por procura espontânea, o paciente busca um ambulatório de especialidades, quando não haveria necessidade, por ignorar que existe atendimento generalista mais acessível, geograficamente falando.
- Enquanto o paciente recebe um encaminhamento clínico, outros dados referentes a ele, como gastos e tratamento a serem cobrados pelo Inamps, ou do próprio paciente particular, são encaminhados para os setores administrativos do hospital.
- Pedidos de exames laboratoriais recebem um encaminhamento específico, pois como via de regra não existe laboratório próprio do ambulatório, o material é levado ao corpo do hospital por funcionários, os quais se encarre-

gam também de ir buscar os resultados e trazê-los de volta ao ambulatório. Esse procedimento costuma estar sob supervisão de enfermeira. É possível também encaminhar o paciente para exames em outro local, caso se trate de algo para o qual o hospital não tem recurso técnico, como, por exemplo, tomografia computadorizada.

Critérios que determinaram a atribuição do espaço físico do ambulatório

Dos treze hospitais, cujos administradores responderam a essa questão, doze queixaram-se de pouco espaço para a demanda sempre crescente. Apenas um, privado filantrópico, de construção relativamente recente, não apresentou esse problema. É unânime a idéia de que o ambulatório deve ter entrada independente do corpo do hospital, evitando a circulação dos seus pacientes em todas as alas ou no saguão. Contudo, muitos dos hospitais pesquisados não puderam ainda pôr em prática esse critério, como verificamos na análise das respostas fornecidas pelos supervisores ou responsáveis pelos ambulatórios.

É possível dividir as respostas em três grupos:

a) hospitais nos quais a atual direção não participa dessa decisão;
b) hospitais que adaptaram edificações antigas, de modo a melhor atender os pacientes externos;
c) ambulatórios que foram construídos levando em conta o objetivo da área.

No segundo grupo, temos respostas como:

"O correto seria não ter o ambulatório dentro do hospital. Como o prédio é de 1940 (tem sete andares), foi feita uma adaptação em 1982. (...) Evitar que o paciente circule dentro do hospital."

"Foi crescendo, desde vinte anos atrás. As necessidades foram surgindo, e foi-se modificando, transformando, por exemplo, um consultório numa sala de recuperação. (...)"

"Está em outro prédio pequeno porque o espaço do hospital está saturado. (...) Era uma residência, que foi dividida (...), dentro da melhor maneira possível, num estudo feito por engenheiros e médicos."

"Onde foi possível encontrar uma área livre. A partir da reforma, pretende-se encontrar o melhor lugar. (...)"

"Foi reformado para ambulatório, (...)"

"Desde 1950, foi adaptado para hospital. Este edifício foi construído para ser hotel. O ambulatório está hoje no local considerado mais adequado para o acesso do paciente, sem interferir na área de internação."

Portanto, nas adaptações, tentou-se atingir dois objetivos: aproveitamento máximo do espaço disponível em função das necessidades de atendimento e acesso direto do paciente externo (sem passar por dentro do hospital).

No terceiro grupo, das áreas especificamente construídas para ambulatório, prevalecem os mesmos critérios:

"Desde a construção do hospital em 1970, a área é esta. Como o piso cede, está em reforma. O principal critério é o atendimento do paciente externo: elevadores para macas, salas de espera, sala de pequenas cirurgias com os devidos equipamentos."

"Escolheu-se o 2º andar. A construção já foi feita com essa finalidade, com saguão e entrada independente". (Observe-se que nesse hospital, por uma diferença de nível das ruas, o 2º andar está no nível do chão da rua lateral por onde se entra para o ambulatório.)"

"Num local que os pacientes possam entrar diretamente sem circular pelo corpo do hospital."

"A partir de 1985, foi planejada uma ampliação, sobretudo para a grande demanda de pacientes externos. (...)."

Os profissionais que devem atuar no ambulatório e as funções de cada um

A maioria dos entrevistados teve dificuldades em citar uma relação ideal de profissionais que devem atuar no ambulatório e suas respectivas funções. De um modo geral, eles disseram aquilo que existe no hospital onde atuam. Somente três citaram atividades que deveriam ser desenvolvidas e não o são:

"Falta educação preventiva (para o horário de espera) sobre doenças transmissíveis. Essa função seria de enfermeira, e há falta." (Observe-se que este ambulatório dispõe de duas enfermeiras, mas atende a grande número de pacientes.)

"Deveria haver módulos externos para as especialidades clínicas."

"Enfermeira — deveria ter, mas não tem."

Note-se que dos três que citaram a falta de algum serviço, dois mencionaram a insuficiência de enfermeiras para executar a função.

Com relação aos profissionais citados, temos o seguinte quadro:

QUADRO VII
Profissionais que deveriam atuar/atuam no ambulatório segundo os administradores/diretores

Profissionais	**Número de respostas**
Médicos	
. sem especificar especialidades	8
. mencionando especialidades	5
Enfermeiras(os)	11
Auxiliar de enfermagem	6
Atendente de enfermagem	6
Técnicos	
. Ortóptica, raio X, laboratório, eletrocardiograma	4
Psicóloga	3
Assistente social	3
Fisioterapeuta	2
Fonoaudiólogo	2
Terapia ocupacional	2
Educador de saúde pública	1
Pedagogo	1
Nutricionista	1
Escriturários	5
Recepcionistas	3
Secretárias	2
Recreacionistas	1
Voluntárias	1
Equipe de limpeza	3
Vigilante/zelador	1
Engenheiro de manutenção	1

Fonte: Pesquisa de campo.

Com relação às funções, de um modo geral elas possuem formas especificadas, com exceção das que citamos a seguir:

- Burocracia (ficha e escrita em livros) feita pelas enfermeiras, e deveria haver um burocrata. (...).
- Cabe à enfermeira solicitar os médicos, encaminhar pacientes, administrar, coordenar o serviço.
- O médico generalista identifica se é necessário um especialista e resolve o que for possível: as recepcionistas fazem o primeiro contato com os doentes que vêm de fora, as secretárias das clínicas atendem os especialistas, as auxiliares de enfermagem ajudam os médicos nas clínicas, a enfermeira chefia e orienta a equipe de enfermagem. (...).
- A enfermeira faz a coordenação geral do serviço e a triagem socioeconômica e programas educativos.

Comparando-se o quadro e as respostas mencionadas, e acrescendo a isso a observação direta que fizemos nos ambulatórios pesquisados, podemos afirmar que existem duas correntes de pensamento com relação à função da enfermeira. A primeira, mais antiga, e que já não é predominante na figuração ideal dos administradores hospitalares, em sua maioria, mas que ainda é predominante na prática, vê a enfermeira como um "faz tudo" dentro do ambulatório e também como uma administradora, mais do que como alguém que deva estar ao lado do paciente. Em alguns raros casos, a confusão atinge o nível de não distinguir enfermeira de auxiliar ou atendente. A segunda tendência é a de ver a enfermeira como, principalmente, uma profissional de saúde com funções específicas junto ao paciente, sobretudo com relação à orientação deste. Nesse caso, ou o hospital emprega escriturários, secretárias e outros profissionais administrativos, de modo a liberar a enfermeira de qualquer função burocrática, ou, pelo menos, gostaria de fazê-lo. Note-se que, dentre os profissionais citados como necessários, os escriturários vêm logo a seguir do corpo médico e de enfermagem.

Se existe a distorção de transformar a enfermeira numa buracrata, ocorre também o perigo contrário de encontrarmos pessoal não-preparado, como recepcionistas, fazendo triagem de pacientes, o que foi por nós observado em duas instituições.

A citação, em número significativo, de profissionais de áreas terapêuticas de apoio (nove, se somarmos todas as especialidades mencionadas) denota uma tendência de entender o ambulatório como um centro de tratamento regular e prolongado, corrigindo uma errônea interpretação de local de atendimentos de urgência. Haveria também uma função educativa a ser exercida no ambulatório. Esta, além da enfermeira, poderia envolver outros profissionais, como nutricionista, pedagogo, etc. Sob esse aspecto, deve-se ressaltar que os ambulatórios pesquisados atendem quase que exclusivamente pacientes de baixa renda, com duas exceções de hospitais que têm maior número de seus pacientes entre os conveniados (assistência privada).

As funções da enfermeira na instituição hospitalar

No que se refere às funções da enfermeira, na opinião dos administradores gerais ou diretores dos hospitais, elas podem ser divididas em dois grupos: administrativos e de cuidados aos pacientes. Encontramos também hospitais onde existem as duas funções, havendo duas enfermeiras em cada clínica/setor. Examinemos algumas respostas, do primeiro grupo:

"Num hospital desse porte, sem recursos, tem de ser a dona da casa a administrar, comandar. (...) O ideal seria um administrador por setor, mas é muito caro."

"Administrar o atendimento ao paciente e o pessoal subordinado a ela, sempre tendo em vista o atendimento ao doente, que é o objetivo da enfermagem. Ela é responsável por auxiliares, atendentes e técnicos de enfermagem, escriturários, mensageiros, serviçais, até barbeiro."

"Orientar o corpo de enfermagem e instruí-lo. Avaliar requisições de medicamentos e outros materiais."

"Primeiro: manter organizado, funcionando, o serviço de enfermagem sob sua responsabilidade — escala de plantões, horários, comportamento, desempenho técnico; dar instruções, estabelecer contato com o médico para esclarecer as dúvidas sobre assuntos enfermagem/paciente. Segundo: fiscalizar consumo de/e uso de material e medicamentos, fornecendo relatórios à administração superior."

"Controle de psicotrópicos. Preparo de caixa de parto e de cirurgia. Orientar o pessoal que trabalha com material. Controle de pessoal."

Alguns dos entrevistados criticam o fato de a enfermeira ficar somente exercendo funções administrativas:

"A realidade hoje é a enfermeira fazendo a função administrativa e não junto ao paciente. E isto está errado, é ruim."

"Antigamente, a enfermeira (vinte anos atrás), formada pela Cruz Vermelha, tinha contato com o paciente. Hoje, não há essa facilidade. Elas ficam restritas aos postos e às salas. Nem sabem quem são os pacientes. Há uma melhor organização, em função das complexidades e tamanho dos hospitais, mas foi uma perda. É preciso coordenar as prescrições dos vários médicos. Falta o contato direto, e o paciente se sente mal atendido."

Encontramos apenas duas instituições onde a enfermeira concentra sua atenção nos cuidados ao paciente, também participando das decisões gerais, no hospital:

"Cabeceira do doente. Ela não exerce funções administrativas. Tem agentes administrativos para materiais (a enfermeira não precisa telefonar para o médico, nem pedir medicamentos)."

"Em primeiro lugar, prestar atendimento ao paciente. Paralelamente, participar de administrações da área específica de enfermagem e secundariamente na geral do hospital."

Apenas uma instituição mencionou a equipe multiprofissional, da qual a equipe de saúde seria uma parte, e a enfermeira, um de seus integrantes. Podemos, portanto, verificar que a compreensão das funções da enfermeira na instituição hospitalar está mal definida, e numa fase de transição entre o aspecto meramente administrativo e a volta ao cuidado do paciente, mas num outro enfoque em relação ao passado, quando a enfermeira não tinha formação superior, sendo somente uma ajudante do médico.

A importância e as funções específicas da enfermeira no ambulatório

Embora dos treze respondentes apenas um tenha afirmado que a presença da enfermeira no ambulatório não é essencial ("Não. No ambulatório não se faz nenhum tipo de procedimento que requeira uma enfermeira. Só tirar pressão e medir a temperatura e, ocasionalmente, ministrar um medicamento"), encontramos três hospitais que não têm enfermeira exclusiva do ambulatório, e mais outros dois onde, embora exista o cargo, ele está vago, por licença médica de sua ocupante. Num desses hospitais, a enfermeira de outra ala está supervisionando o ambulatório e acumulando funções; no outro, fica apenas uma atendente na coordenação do serviço.

Vejamos algumas das justificativas apresentadas para que o trabalho da enfermeira no ambulatório seja considerado essencial:

"A enfermeira, pela própria formação, além de atuar junto ao doente, mantém a qualidade do serviço e avalia o desempenho dos outros profissionais."

"Todas as ações junto ao paciente e à administração devem passar pela enfermeira, porque ela está mais próxima ao paciente. Ele confia nela. Consegue definir melhor o que é necessário ao paciente."

"Sendo ambulatório de especialidades, com a supervisão e atuação da enfermeira, há um desempenho mais adequado."

Vejamos agora as funções desempenhadas pelas enfermeiras junto aos pacientes, nos ambulatórios pesquisados:

- medir e examinar parturientes, fazendo o pré-natal dos casos normais ("O médico só atende as patologias");
- fazer a pré-consulta;

- fazer curativos e retirar pontos;
- encaminhar o paciente para o atendimento, triagem;
- controlar suturas;
- pós-consultas;
- atendimento a grupos que precisam de orientação específica (diabéticos, etc.);
- educação em sala de espera;

Por outro lado, sete dos entrevistados citaram funções administrativas a serem exercidas pelas enfermeiras:

- plano de atendimento;
- solicitação de exames;
- supervisionar o ambulatório (além de supervisão médica);
- gerenciamento total (todas as ações junto ao paciente e à administração devem passar por ela);
- controle das auxiliares;
- manutenção da disciplina;
- fiscalização de consumo de material;
- coordenação de todas as atividades;
- organização de pessoal.

Pode-se observar que as funções citadas são de administração de pessoal, predominantemente. Verifica-se também uma valorização do papel da enfermeira como a pessoa capaz de coordenar, adequadamente, as atividades de um ambulatório.

A relação custo/benefício da presença constante de uma enfermeira no ambulatório

De um modo geral, os entrevistados consideram positiva a presença constante da enfermeira no ambulatório. Alguns acham que não é uma questão de custo, mas de qualidade. Outros acham que o custo cai porque ela racionaliza o trabalho, faz fluir melhor o atendimento e diminui o tempo gasto pelo médico em cada consulta, inclusive evitando a ocorrência de consultas desnecessárias. Apenas um hospital, dos treze respondentes, considerou que seria "desfavorável nesse caso". Outro dos hospitais que não têm enfermeira exclusiva do ambulatório espera vir a tê-la assim que o movimento deste crescer, por meio de novos convênios. Um dos entrevistados afirmou que "ela recebe uma formação para humanizar o tratamento e não é orientada para administrar com menores custos (...) idem com os médicos". Não obstante, essa instituição não dispensa a presença de enfermeiras (há mais de uma no ambulatório, pois não considera viável oferecer um bom serviço sem esta).

Uma das entidades pesquisadas, que atende só gestantes e parto (nem mesmo um serviço mais amplo de ginecologia), afirmou que "depende da especialidade: aqui é indispensável". Não obstante, no ambulatório existe uma auxiliar como responsável e enfermeiras estagiárias de uma instituição de ensino, tendo à frente uma professora que se recusou a responder nosso formulário específico para enfermeira.

Pudemos observar que a existência ou não de uma enfermeira exclusiva do ambulatório, bem como o número dessas profissionais atendendo no local, está em relação direta com o porte da instituição e com a amplitude de seu serviço ambulatorial. Mas, em entidades públicas onde sempre há uma enfermeira do ambulatório, encontramos somente um no qual está vago o cargo, por demissão espontânea da ocupante. Todos também consideram positiva a relação custo/benefício da presença constante da enfermeira no ambulatório:

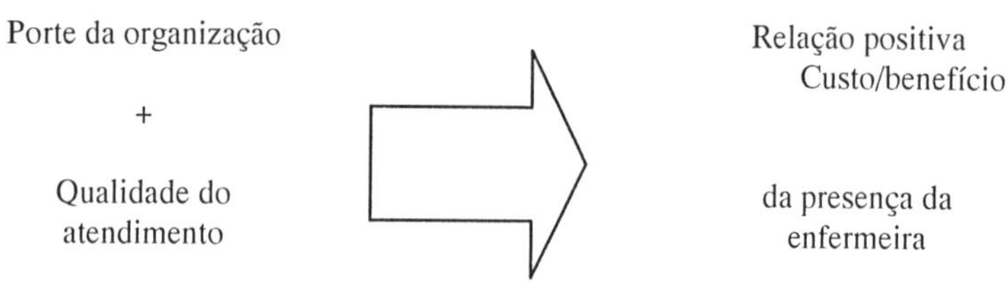

Os depoimentos indicam:

"Manutenção da qualidade técnica do serviço. O benefício é bastante maior que o custo."

"A sua presença diminui o custo pelo controle e pela boa orientação ao paciente, o que evita que ele volte com a mesma doença."

"Temos duas enfermeiras de manhã e duas de tarde. A relação é positiva. A presença é insubstituível."

"Esta presença melhoraria o fluxo e diminuiria o custo."

"É positiva, devido à qualidade do atendimento e segurança do médico com relação à atuação do pessoal paramédico."

"É bom para o hospital porque começa a trabalhar fora a paciente que vai ser internada, o que representa menos tempo na internação e consulta. Anteriormente, os médicos residentes faziam as consultas de triagem. Atualmente, há uma conversa com a enfermeira, mas há resistência de ambos os lados."

Também os hospitais filantrópicos, à exceção de um já citado, acham positiva essa relação:

"Depende do que se quer — para um serviço de bom nível é indispensável."

Igualmente acontecendo nos privados, embora como já dissemos, quando o porte é muito pequeno, a opinião positiva não se transforma em fato:

"Ela aparece fazendo liderança. É bom para todo o sistema que está funcionando. Ela traz segurança ao sistema pelo seu conhecimento técnico."

As equipes multiprofissionais e o papel da enfermeira nelas

As equipes multiprofissionais ainda são raridade nos ambulatórios médicos da cidade de São Paulo. Encontramos apenas três instituições que funcionam com equipes multiprofissionais no ambulatório. E, em uma delas, "há somente em alguns setores. Mas há na endocrinologia e ginecologia. O papel da enfermeira é preponderante. Quem lidera é a enfermagem".

Existem também equipes que funcionam no hospital, atendendo o ambulatório, mas não estando a serviço exclusivo deste:

"Não temos, em nível de ambulatório. É do hospital (serviço social, fisioterapia e psicologia), mas funciona como equipe multiprofissional. A enfermeira seleciona e encaminha os casos."

Nos ambulatórios de equipes mais completas, nem sempre a coordenação de tudo fica a cargo da enfermeira: "Dependendo do enfoque do trabalho, a coordenação será feita pela assistente social (mãe participante), hospitais de convênio (quem supervisiona é a enfermeira), psiquiatria (médico coordena)"; "a enfermeira, bem como o médico, o farmacêutico, a assistente social, todos têm seu papel".

Por outro lado, na maioria dos casos, a enfermeira é vista como a pessoa indicada para ter o primeiro contato com o paciente, encaminhá-lo e coordenar o trabalho de equipe, quer em termos reais, ou seja, nos hospitais que já têm equipe multiprofissional, quer em termos ideais, isto é, os que não o fazem ainda, mas gostariam, no futuro, de implantar o sistema. Verificamos também que, embora não existam muitas equipes completas, a presença da assistente social é bastante comum, seguida de psicólogas(os) e fisioterapeutas:

"Passa o atendimento pessoal para a psicóloga e para a assistente social (a instituição tem)."

"Há assistente social dentro do hospital."

Temos, pois, que a idéia da equipe multriprofissional já é aceita pela maioria dos administradores hospitalares, porém sua implantação implica uma série de mudanças, que esbarram tanto nos fatores econômicos como no de hábitos de funcionamento. Contudo, parece existir essa tendência de maneira irreversível, sobretudo nos hospitais públicos. Nessas equipes, o papel da enfermeira tende a ser de coordenação dos diversos profissionais na sua atuação junto ao paciente.

Qualificação dos respondentes

Nessa primeira etapa da pesquisa, que tem a finalidade de dar uma visão do ambulatório dentro da instituição hospitalar, do ponto de vista de quem a administra, entrevistamos pessoas que ocupam os seguintes cargos:

- diretor(a) ou diretor-geral
- assistente técnico de direção ou assistente de diretoria
- diretoria técnica do complexo hospitalar
- diretoria administrativa
- diretoria da Divisão de Assistência Médica Hospitalar
- diretor técnico de departamento
- diretor de Serviço de Atendimento Especializado
- superintendente

São suas funções:

- administração geral do hospital (parte clínica e parte material)
- administração específica (não abrangendo a parte clínica)
- coordenação dos diversos serviços (médicos, enfermagem e outros)
- administrar o atendimento a pacientes externos

Quanto à formação superior dos ocupantes do cargo, encontramos:

- nove médicos, sendo
  — dois com especialização em Administração Hospitalar
  — um com curso de Desenvolvimento Gerencial — voltado para a Administração Pública
  — quase todos com especialização na sua área médica
- um administrador de empresas
- um assistente social (com pós-graduação em Saúde Pública-Sanitarismo e Administração Hospitalar)
- uma bióloga e pedagoga (com muitos anos no cargo de diretoria de escola pública).

As entrevistas com os responsáveis pelo ambulatório

Nem sempre foi possível encontrar no hospital um único responsável pelo ambulatório. Geralmente, existem pelo menos um médico e uma enfermeira, cada um coordenando os seus subordinados. Quando isso ocorreu, optamos por entrevistar o médico(a), pois havia outra entrevista a ser feita com a enfermeira. Contudo, quando havia um único cargo de chefia do ambulatório, ocupado por enfermeira, ela era entrevistada como supervisora, e a outra profissional que trabalhasse no ambulatório respondia como enfermeira. Também encontramos pessoal administrativo na supervisão do ambulatório. Em alguns casos, não existem responsáveis pelos ambulatórios: os médicos reportam-se a cada uma das clínicas, as enfermeiras à chefia de enfermagem do hospital, o pessoal administrativo a uma gerência, e assim por diante.

A função dos ambulatórios

O ambulatório é visto como um acesso ao hospital, um local de triagem, preparação, encaminhamento e, se for o caso, de tratamento. Ele também se caracteriza, na opinião da maioria dos entrevistados, como um local de atendimento especializado, sendo que o primeiro atendimento deveria ser feito nos postos de saúde. Apenas em dois casos, ambos hospitais filantrópicos, a função do ambulatório confundiu-se com a de pronto-socorro:

"A função específica é o atendimento do paciente em emergência."

"Hospital emergência. É para tratamento em qualquer especialidade."

Vejamos algumas respostas que demonstram a função de primeiro atendimento:

"Porta de entrada, junto ao PS."

"Atendimento da Região Sul."

"Atender todos os doentes que procuram o hospital."

"Receber e avaliar os casos. Verificar se o hospital tem condições de atender."

Já outros, tanto públicos como filantrópicos, vêem o ambulatório como uma segunda fase do tratamento para pacientes encaminhados, ou como um atendimento continuado, um serviço à comunidade:

> É importante porque é de referência (26 especialidades e quatro serviços não-médicos) para as unidades de saúde. Porta de entrada do encaminhamento, tratamento e acompanhamento, de acordo com a especialidade. O certo seria o posterior retorno para a unidade básica — o posto de saúde. Alguns postos têm especialistas e dentistas. Todas as consultas são agendadas porque há o pronto-socorro (PS) e o pronto atendimento (PA). As marcações são feitas por telefone pelos postos de saúde.
>
> Foi criado há cinco ou seis anos para o hospital. Hoje, atende o que vem do PS ou da Rede (postos e centros de saúde).
>
> É um hospital beneficente. Trinta por cento são dedicados à beneficência. O hospital cumpre isso atendendo 14 mil crianças matriculadas aqui.
>
> Atendimento de todos os pacientes em todas as especialidades e exames.
>
> Recepção de pacientes para especialização, cirurgia, etc.
>
> Prestar atendimento, em nível secundário e terciário, em ginecologia e obstetrícia para pacientes de demanda espontânea ou da rede pública.
>
> Pudemos observar que as funções de um ambulatório também vão variar em função do grau de especialização do hospital: quanto mais recursos ele tiver, mais seu ambulatório será procurado por pacientes encaminhados de outros centros de saúde; quanto menor, mais provável que funcione num nível quase de urgências, ou de primeiro contato.

A área ocupada pelo ambulatório e sua disposição no edifício do hospital

De quatorze respondentes, apenas sete souberam informar a área do ambulatório onde trabalham. Esta varia de um máximo de dez mil metros quadrados a um mínimo de 150 metros quadrados. Obtivemos uma média de 1.978.29 metros quadrados, sendo que, à exceção do já citado máximo (10.000 m^2) e do segundo maior, que atinge 3.000 m^2, todos os demais possuem área igual ou inferior a 500 m^2.

Nos quatorze hospitais pesquisadores predominam aqueles nos quais o ambulatório é uma dependência exclusiva (6), mas não um prédio próprio; separado do corpo do hospital (4), não subordinado a outro setor (4).

O acesso diretamente da rua, sem passar por dentro do saguão do hospital, que foi um dos critérios predominantes, segundo os administradores, para determinação do espaço físico, é observado por dez unidades visitadas, sendo que três têm entrada comum a todo o hospital, e em apenas um caso o paciente tem de passar por outro setor do hospital para ter acesso ao ambulatório.

As instalações dos ambulatórios

Das doze respostas obtidas com relação ao número de consultórios e existência ou não de salas de espera, obtivemos o seguinte: embora nove respondentes afirmem ter salas de espera ou saguão, pudemos observar que em quatro destes casos eles se referiam a cadeiras colocadas no corredor ou salas improvisadas e não num local corretamente destinado a ser sala de espera.

Quanto ao número de consultórios, variam entre setecentas e cinco salas. Apenas duas instituições têm número de consultórios acima de cinqüenta (185 a 700), estando as demais sempre abaixo dessa quantidade, distribuídos da seguinte maneira:

- até 10 consultórios — 4 hospitais
- de 11 a 20 consultórios — 3 hospitais
- de 21 a 50 consultórios — 3 hospitais

Todos os consultórios são divididos entre si por paredes, na maioria dos locais pesquisadores. Apenas em dois lugares as divisórias são de módulos laminados, e em uma, de módulos de madeira. Finalmente, em um dos hospitais, usa-se biombo para subdivisão das salas.

Apenas quatro dos hospitais pesquisados dispõem de uma sala de reuniões específica do ambulatório, e somente dois têm salas de conferências, sendo que um deles possui duas salas de trinta lugares cada. As salas de aula também não são comuns, podendo ser encontradas em apenas duas das instituições pesquisadas, uma das quais possui uma sala/consultório, que consiste em uma sala grande subdivida por quatro biombos, onde um professor supervisiona o trabalho de quatro alunos, que são médicos residentes do hospital.

As salas de tratamento existem em dez ambulatórios visitados. Em um deles usa-se o posto de enfermagem, quando necessário, ou se encaminha para o PS. São essas as salas que foram citadas: odontologia, raio X, cirurgia odontológica, ginecologia, pequenas cirurgias, curativos, coleta de material, câmara escura, sala de gesso, sala de curativos, audiometria, oncoterapia, fonoaudiologia, vacinação, eletrocardiograma (sala de observação), preparo de consulta e pós-consulta, pesagem, inalação, sala de medicação e de sinais vitais, quimioterapia, ergometria, urologia, ginecologia. As mais comuns são as de curativos e pequenas cirurgias, as de gesso, raio X e inalação. As salas de tratamento vão variar em função das especialidades oferecidas pelo ambulatório. Assim, num ambulatório pediátrico, existirá mais provavelmente uma sala de pesagem ou de vacinação. Dizemos mais provavelmente e não obrigatoriamente, pois, algumas vezes, a falta de espaço obriga a abrir mão das acomodações adequadas.

São oito os hospitais, dos doze respondentes, que têm sala de preparo de medicamentos. Outros não fazem medicação no ambulatório, ou é feita a preparação em outro setor do hospital, sendo este último caso bastante raro. Por outro lado, apenas um dos lugares entrevistados não tem local para guarda de medicamentos e, sobretudo, material. O grande problema é evitar roubos não só de medicamentos, mas, principalmente, de material: estetoscópios, esfigmomanômetros, termômetros. Apenas quatro dos ambulatórios estudados possuem um local para reparos e manutenção do seu material. Todos os demais enviam seus materiais para conserto num único local. Também com relação ao laboratório, é comum que seja único para toda a instituição. Encontramos apenas três casos de laboratório específico para o ambulatório. Já a secretaria existe em quase todos, só não sendo encontrada em dois deles. Note-se que algumas vezes ela se confunde com a recepção, e foi citado um caso em que a secretaria é de responsabilidade da enfermagem.

Foram citadas as seguintes dependências não constantes nas perguntas anteriores: sala de ortopedia, capela (que é usada como local de atendimento da educadora de saúde), oncocentro (prevenção do câncer ginocológico, que fica em outro prédio), sala de repouso para funcionários, segurança, plantão policial, informações, farmácia, Same (Serviço de Arquivo Médico e Estatístico), arquivo (sala dos prontuários), sala da doação de roupas, sala de estar dos médicos, sala de estar da enfermagem, sala da chefia médica, sala da chefia de enfermagem.

Os profissionais que trabalham no ambulatório

É o seguinte o pessoal administrativo que trabalha no ambulatório: os médicos(as) e enfermeiras(os) que exercem funções administrativas (estando cada hospital aqui designado por uma letra, sendo que a ordem não corresponde à da relação apresentada no item "Metodologia e técnicas da pesquisa de campo").

a) chefe do ambulatório, três assistentes administrativos de saúde, um gerente de unidade;
b) uma médica supervisora do ambulatório e responsável pela coordenação e gerenciamento dos serviços; 35 escriturários, secretárias e recepcionistas para a marcação de consultas; contínuos para levar exames e buscar resultados no corpo do hospital; uma enfermeira chefe do ambulatório;
c) uma supervisora médica e quatro escriturários (dois por período), um chefe de enfermagem;
d) o gerente de apoio externo e conservação do patrimônio (com formação em Administração Hospitalar) é o responsável pelo ambulatório, mas não é a sua única atribuição; há oito recepcionistas que se reportam ao gerente financeiro; uma enfermeira que chefia o pessoal de enfermagem e coordena as consultas, horários, etc;
e) um administrador, duas secretárias, 66 funcionários administrativos (mensageiros, escriturários, assistentes administrativos), além da chefia de enfermagem. Cabe ao admi-

nistrador distribuir salas e horários, auxiliado por duas secretárias. Os mensageiros cuidam do encaminhamento de solicitações de exames e resultados e outras funções semelhantes; os escriturários fazem toda a parte burocrática;

f) uma administradora (na realidade, por formação escolar, secretária, mas exercendo a função de administradora do ambulatório por estar há muitos anos na instituição);

g) uma chefia geral do ambulatório, exercida por uma enfermeira;

h) como é um hospital pequeno e particular, não há uma chefia do ambulatório, especificamente. Três dos médicos são os proprietários e revesam-se de modo que sempre esteja um deles no hospital, e este cuida do ambulatório. Há quatro recepcionistas para atendimento do público; não há enfermeira só do setor;

i) há uma chefia médica, uma chefia de enfermagem e uma chefia das voluntárias;

j) existe uma chefia médica, exercida por dois profissionais dessa área, uma chefia administrativa e uma chefia de enfermagem;

l) uma chefia médica e uma chefia de enfermagem;

m) um supervisor da equipe técnica para pacientes externos, um responsável para cada especialidade e subespecialidade, um diretor de serviços a pacientes externos de enfermagem.

A determinação do número de médicos que trabalham nos ambulatórios é difícil, pois muitos deles atendem também a outros setores do hospital, dando assistência aos pacientes internos que, em muitos casos, serão encaminhados a partir do ambulatório. Não obstante, o ambulatório que citou menor número de médicos mencionou seis, e o maior, 95, sem falar de hospitais/escola, onde o trabalho se processa de outra maneira. Quanto às especialidades oferecidas, elas variam muito de um hospital para outro, podendo ser subespecialidades, no caso de hospitais pediátricos e maternidades, ou abranger uma maior variedade nas instituições que visam atender o todo da população. Vejamos alguns exemplos:

1º) Subespecialidades de pediatria: adolescente, cardiologia infantil, cirurgia infantil, cirurgia plástica infantil, dermatologia infantil, endocrinologia infantil, endoscopia, gastroenterologia pediátrica, genética, ginecologia infantil, hematologia, imunologia, moléstias infectocontagiosas, nefrologia, neonatologia, neurologia infantil, otorrinolaringologia, oftalmologia, pneumologia, saúde mental, reumatologia e urologia pediátricas, além de pediatria geral. Tais especialidades, aplicadas à pediatria e a subespecialidades, podem ser encontradas no ambulatório de um hospital pediátrico, para onde são encaminhados pacientes de diversas áreas da cidade, necessitados de atendimento especializado.

2º) Num hospital de médio porte, filantrópico e pertencente a um grupo religioso, devendo, portanto, estar apto a prestar todos os socorros necessários a seus associados, encontramos as seguintes especialidades no ambulatório: clínica geral, ortopedia, pediatria, ginecologia, dermatologia, cardiologia, radiologia.

3º) Num hospital público, que deveria ser secundário, mas, na prática, presta atendimento a toda uma vasta região da cidade, atendem no ambulatório os médicos das seguintes especialidades: cirurgia geral, cirurgia toráxica, cirurgia plástica, cirurgia vascular, proctologia, ginecologia, colposcopia, neurocirurgia, cirurgia cardíaca, oftalmologia, otorrinolaringologia, urologia, ortopedia, buco-maxilo, nefrologia adulta e infantil, hipertensão, dermatologia, hematologia, endocrinologia, neurologia adulta e infantil, cardiologia, moléstias infectocontagiosas, cardiologia infantil, homeopatia, gastroenterologia, doenças respiratórias de infância e cirurgia infantil.

Também encontramos em um hospital público e em um filantrópico a especialidade oncologia. Restrita à área ginecológica, ela também se faz presente num hospital/maternidade público que oferece subespecialidades das áreas de ginecologia e obstetrícia e outras especialidades médicas que possam ser necessárias à gestante ou puérpera ali atendida.

As enfermeiras dos ambulatórios

É o seguinte o número de enfermeiras existentes nos ambulatórios pesquisados:

QUADRO VIII
Número de enfermeiras por ambulatório

Enfermeiras	Hospitais
-	2
1	4
2	2
3	2
4	2
6	1

Fonte: Pesquisa de campo.

De modo geral, o número de enfermeiras relaciona-se com o porte do ambulatório e com as especialidades oferecidas. Assim, numa das instituições que possuem quatro profissionais no ambulatório, temos duas supervisoras, uma enfermeira especializada em pediatria e uma em obstetrícia. Encontramos também divisões por período, em ambulatórios que funcionam por maior número de horas. Quando há apenas duas ou três enfermeiras, e todas no mesmo período, uma exerce a supervisão ou chefia e a(s) outra(s) cuida(m) dos pacientes.

Nos hospitais onde não existe uma enfermeira para o ambulatório, essa função é suprida pela profissional responsável por outro setor, o que, na prática, pode mostrar-se inviável, como ocorre quando o prédio do ambulatório é separado do hospital. Dentre as entrevistas realizadas, houve um caso assim, em que o ambulatório fica em outro edifício, a várias quadras de distância. Segundo o administrador do hospital, a enfermeira chefe costuma ir ao ambulatório a cada dois dias para supervisionar o serviço, o que já seria bastante falho, mas, na entrevista com a supervisora do ambulatório, soubemos que ela nunca vai lá, passando por telefone as instruções necessárias ao funcionamento da enfermagem do ambulatório.

Alguns supervisores do ambulatório (médicos) não souberam responder quantas enfermeiras havia no local, ainda que explicássemos que nos referíamos apenas às enfermeiras de nível superior e não a atendentes e auxiliares. Esses supervisores alegaram ser totalmente independente a parte médica da enfermagem. Cabe perguntar como ficaria, nesses casos, o equilibrado funcionamento do serviço ambulatorial.

A maioria dos supervisores entrevistados não sabia informar o número de auxiliares de enfermagem existentes no ambulatório, afirmando que somente a chefia de enfermagem poderia dizê-lo. No caso do número de enfermeiras, dos doze respondentes, apenas dois não souberam quantas eram. No caso de auxiliares e atendentes, esse número sobe para sete. Dentre os que foram capazes de fornecer a informação, temos a seguinte situação:

- uma instituição — existem duas auxiliares e duas atendentes por período, portanto o mesmo número que as suas enfermeiras;
- uma outra instituição — uma enfermeira supervisiona, dezesseis auxiliares e uma atendente;
- uma terceira — duas atendentes trabalham sem nenhuma enfermeira ou auxiliar;
- uma quarta — três enfermeiras, sendo uma chefe, exercem suas funções junto com cinco auxiliares e onze atendentes;
- uma quinta — uma auxiliar e uma atendente (havendo uma única enfermeira para todo o hospital, que é pequeno, mas não tanto para justificar tal sobrecarga para a profissional);
- uma última instituição — uma enfermeira, uma auxiliar e duas atendentes.

Em muitos hospitais ouvimos o comentário de que tende a desaparecer a função de atendente de enfermagem, e alguns desses já eliminaram o cargo. Por outro lado, com base nos dados anteriormente citados, não podemos fazer nenhuma afirmação com relação às tendências de proporcionalidade entre o número de enfermeiras, auxiliares e atendentes dentro do ambulatório. Tampouco encontramos razão para esses números, exceto a hipótese de economia, como no caso de uma enfermeira coordenar dezesseis auxiliares. Também influi para um pequeno número de enfermeiras e grande de auxiliares o fato de ser um ambulatório com baixo nível de especialização.

Outros profissionais que atuam no ambulatório

É comum que outros profissionais de nível superior atuem nos ambulatórios, além de médicos e enfermeiras. São eles:

- assistentes sociais
- psicólogos
- nutricionistas
- fonoaudiólogos
- dentistas

É interessante notar que, quando os administradores citaram profissionais que deveriam atuar no ambulatório, não mencionaram os dentistas que, entretanto, podem ser encontrados em quatro dos hospitais pesquisados, sendo que um deles destina seu trabalho, exclusivamente, ao atendimento de hemofílicos.

Dentre os técnicos citados pelos respondentes, os mais freqüentes são os de raio X, que podem chegar a quatro em um único hospital, e os ortópticos.

Os serviços de limpeza, que são considerados de grande importância para o bom funcionamento do ambulatório, geralmente não são supervisionados pelo responsável pelo setor, estando ligados a um departamento específico na área administrativa, que cuida de todo hospital. Ocorre, também, haver uma empresa contratada para a execução dos serviços de limpeza.

A distribuição pelos turnos de trabalho

Todos os ambulatórios funcionam apenas entre sete (no mínimo) e vinte horas (no máximo). Nem todos preencheram por completo esse horário, sendo que um deles encerra seu atendimento às dezesseis horas e outros dois às dezessete horas. Encontramos um hospital privado, de caráter lucrativo, que atende à noite em um setor que não o local do ambulatório, embora chame esse atendimento de ambulatorial. O horário pode ser dividido em dois ou três turnos, de quatro ou cinco horas; contudo, eles geralmente não correspondem a uma completa troca de pessoas no serviço, isso porque os médicos têm dias e horários diversificados, que dependem de diferentes fatores: ser uma especialidade mais ou menos requisitada pelas necessidades dos pacientes atendidos naquele ambulatório, a assistência a pacientes internados, a coexistência de vários empregos em diversos hospitais, tanto públicos como privados. Geralmente, as enfermeiras costumam ter horários diferentes dos demais, tanto médicos como auxiliares. Essas, algumas vezes, têm horários de entrada e de saída diversificados, sobretudo nos hospitais públicos, por questões trabalhistas, pois algumas são contratadas pelo estatuto do funcionalismo público, outras pela CLT. Esse tipo de problema dificulta a organização do serviço.

A maior concentração de serviços ambulatoriais é pela manhã, na maioria dos estabelecimentos. Quando são três turnos, pode acontecer de ficar um período ou parte dele, geralmente o último, sem enfermeira, porque o ambulatório funciona de nove a doze horas, e isso ultrapassa o horário regular de trabalho, sendo inferior, algumas vezes, ao horário a ser preenchido por duas profissionais; em conseqüência, mesmo nos ambulatórios que têm enfermeira, pode haver horários em que ela, rotineiramente, não esteja presente.

As funções administrativas das enfermeiras

As funções administrativas das enfermeiras referem-se, predominantemente, ao controle do pessoal a ela subordinado. Este pode ser composto, exclusivamente, de auxiliares de enfermagem, ou pode ter outros elementos: atendentes, escriturários, contínuos. Também pode ficar a cargo da enfermeira o controle de material e a requisição de novas quantidades, quando necessário. Vejamos alguns exemplos:

"Organizar escalas e substituições, pedidos de almoxarifado e farmácia, encaminhamento do paciente."

"Revisão dos cartões, escala de plantão dela, documentos de débito do paciente, solicitação e controle de material."

"Controle dos funcionários: auxiliares, atendentes. A chefe também controla as outras enfermeiras."

"(...) pedidos de material e ambulância, manipulação de exames, serviço social, assistência ao médico no centro cirúrgico, pedido de funcionário."

"Receber crianças e mães que vêm pela primeira vez para triagem social."

Veja-se que neste último caso a enfermeira está cumprindo a função de assistente social, na falta desta. A existência de pessoal administrativo pode diminuir o número de funções burocráticas a serem realizadas pela enfermeira, mas a parte que se refere ao controle do pessoal e do tratamento dos pacientes sempre cabe a ela.

Cuidados prestados a pacientes pelas enfermeiras

O atendimento prestado pela enfermeira ao paciente ambulatorial varia muito em função das especialidades oferecidas. Quando existe o atendimento de doentes crônicos que exijam cuidados permanentes — como diabéticos, por exemplo —, ela terá de orientá-lo sobre a conduta a ser adotada na vida diária. Já quando existem as pequenas cirurgias no ambulatório, ela estará mais ligada a essa área. É, portanto, bastante variada a atividade da enfermeira no ambulatório. Somente um dos hospitais entrevistados está tentando implantar a consulta de enfermeira como forma de triagem inicial, de modo que, dos pacientes que vêm ao ambulatório por demanda espontânea, apenas 30% têm permanecido para atendimento, pois em se tratando de hospital terciário para atendimento de gestantes, quando não há patologias, o acompanhamento pode ser feito no posto de saúde mais próximo à residência da gestante. Essa conduta de enfermagem resulta em um melhor atendimento dos pacientes, pois os médicos não ficam tão sobrecarregados com consultas, algumas vezes inúteis, porque erradamente encaminhadas. Também cabe à enfermeira, no ambulatório:

"Preparo de exames e cirurgias, aplicação de medicação, dilatação de pupila, medir pressão, fazer exame oncológico."

"Curativos, tirar pontos, gesso na ortopedia, auxiliar em cirurgia."

"Curativo, medicação, obstetrícia (orientação) e pediatria (orientação)."

"Temperatura, banhoterapia, medicação de emergência, orientação em relação à medicação."

Note-se que a parte de curativos e auxílio em cirurgia aparece diversas vezes. Portanto, além da orientação e consulta preliminar, a enfermeira também tem contato direto com o paciente em exames, pequenas cirurgias, pós-operatório e atendimento de emergência, como gesso e curativos.

Registros que são feitos pelas enfermeiras

Basicamente, a enfermeira deve registrar tudo o que foi feito com o paciente em termos de tratamento e atendimento, com duas finalidades: os aspectos clínicos propriamente ditos e os objetivos financeiros. Ou seja, além do prontuário, deve-se pensar também nos serviços a serem cobrados tanto de particulares (que são a exceção nos ambulatórios), como de convênios ou de Inamps. Examinemos algumas respostas:

"Tudo o que ocorreu no ambulatório."

"Os casos atendidos pelos médicos, dentistas, etc...."

"Atos não-médicos (curativos, medicação, sonda, orientação)."

"Controle de material (entrada, permanência e saída). Registro dos pacientes de cirurgia. Controle do pessoal (faltas, licenças, distribuições)."

"Ela toma nota e é jogado no computador."

"São feitos registros para cobrar do Inamps, inclusive, a consulta de enfermagem."

Podemos perceber que, algumas vezes, a enfermeira registrará também as ações realizadas por pessoas que não são de enfermagem, como os médicos, os dentistas e outros.

Programas de saúde para a comunidade

Para a pergunta: "Existem programas de saúde para a comunidade a serem desenvolvidos pelas enfermeiras? Quais? Sob responsabilidade de quem?", obtivemos as seguintes respostas positivas:

"Sim. Sob a responsabilidade do médico."

"Medicina social para diabéticos, obesos, hipertensos, problemas de coluna, relaxamento — programas permanentes. Adolescentes, prevenção de problemas odontológicos — ocasionais. Sob a responsabilidade do diretor de medicina social e do médico do serviço (clínica específica)."

"Existem. São permanentes. Amamentação e puericultura."

"Sim. Vacinação (cursos, palestras — área médica e nutrição — de prevenção de doenças e alimentação), sob a responsabilidade da enfermeira."

"Sim. Higiene e vacinação, sob a responsabilidade das voluntárias."

"Sim. Endocrinologia e prevenção de câncer ginecológico e hemofilia, sob a responsabilidade da enfermeira."

"Sim. Programa de planejamento familiar, aleitamento materno, mortalidade materna, saúde da criança (todos estão englobados no chamado Programa de Saúde da Mulher), sob a responsabilidade da Secretaria de Saúde."

Quatro dos respondentes disseram não desenvolver programas de saúde. A responsabilidade dos programas divide-se, mas predominam, dentre as respostas dadas, os casos em que ela fica a cargo da enfermeira.

A cooperação com instituições de ensino

Dentre os dozes hospitais entrevistados, nove cooperam com instituições de ensino, embora nem sempre esses estagiários, residentes ou estudantes, fiquem no ambulatório. As enfermeiras participarão desse programa quando for o curso de enfermagem que esteja ligado ao hospital. Quando não, elas não terão nenhuma participação. Foram as seguintes as instituições e cursos mencionados:

- Escola de Auxiliares de Enfermagem do próprio Hospital (Servidor Público Estadual);
- Faculdade Objetivo de Odontologia;
- Residentes Médicos;
- Estagiários de Enfermagem (diversas faculdades);
- Estágios para cursos de Faculdade Adventista de Ensino;
- Escola Paulista de Enfermagem;
- Estágio na parte administrativa;
- Enfermagem São Camilo;
- Escola Paulista de Medicina;
- Estágio em Nutrição.

Também foram citados estágios para profissionais que estão se especializando, ou treinamentos específicos, como o que o Hospital e Maternidade Leonor Mendes de Barros ofereceu ao Corpo de Bombeiros, chamado de Projeto Resgate, que visava orientar sobre a forma de agir em emergências.

Treinamento do pessoal do ambulatório

Metade dos hospitais, cujo supervisor do ambulatório respondeu a nossa equipe, tem algum tipo de treinamento para o pessoal do ambulatório. Este pode ser permanente, a educação continuada, que já é encontrada em alguns hospitais públicos e até filantrópicos, ou pode ser uma reciclagem periódica.

Geralmente, as enfermeiras promovem o treinamento do pessoal, mas também podem recebê-lo junto com os demais funcionários, como foi mencionado por um dos entrevistados, ou participar da execução, colaborando com os organizadores e os médicos.

Articulações com outras instituições de saúde

Somente seis hospitais afirmaram ter articulações com outras instituições de saúde, e em dois deles a enfermeira as promove, sendo que nos demais nem mesmo participa ou realiza. São as seguintes as relações com outros órgãos citados pelos respondentes:

- em nível dos cursos;
- com a Secretaria de Saúde;
- com as administrações regionais para exames pelo Inamps;
- recepção de pacientes de toda a rede pública;
- somente quanto aos residentes, há articulações com outras instituições de saúde.

É relevante salientar que a pergunta feita aos supervisores, em termos de "articulações com outras instituições de saúde", dificilmente encontrou resposta. Foi sempre necessário transformá-la em "relações com outras entidades, etc.". Embora essa terminologia conste como sendo função da enfermeira, na prática não é nem mesmo conhecida, e o conceito não fica claro para os que trabalham na área de saúde.

Substituições

Somente dois entrevistados declararam que a enfermeira do ambulatório pode vir a ser requisitada por outro setor do hospital onde seja mais necessária. Um terceiro explicou que isso pode acontecer apenas com relação ao pronto atendimento, que é administrativamente ligado ao ambulatório e, devido ao sentido de urgência dos atendimentos ali feitos, não pode permanecer em nenhum momento sem a presença de uma enfermeira.

Já a substituição, dentro do ambulatório, da função de um outro profissional, por falta ocasional ou por não-existência deste no ambulatório, pode ocorrer freqüentemente, como pudemos ver nos seguintes casos citados:

"Sim. Menos o médico e o técnico. É muito comum."

"Sim. Se houver falta. E em campanhas de vacinação com a equipe toda."

"Sim. Em outra área ligada a ela, se houver faltas."

"Sim. No serviço social, faz o papel de assistente social porque o hospital não tem."

"Sim. Recepção, em caso de falta."

"Sim. Escriturário."

Portanto, predomina a mentalidade de que a enfermeira deve fazer o ambulatório funcionar com os profissionais de que dispuser rotineiramente. Na falta permanente ou ocasional de um deles, ela terá de suprir suas funções.

A importância da presença da enfermeira no ambulatório

De doze supervisores entrevistados, cinco não souberam responder qual a importância da enfermeira no ambulatório. Dois destes, por não possuírem essa profissional no ambulatório, outros três, por não se considerarem aptos a responder sobre assuntos de enfermagem. Os demais ressaltaram a importância do seu trabalho no ambulatório nos seguintes termos:

"É dos mais importantes. Em certas horas, mais do que o do médico, porque resolve os problemas cotidianos, as faltas dos médicos, o atendimento, a orientação do paciente."

"São elas que fazem medicação, peso, medidas; dão orientação à mãe; marcam retorno e participam, ligando o médico ao paciente."

"Tudo. Supervisão e manutenção do prédio (indicando as necessidades), medicação dos doentes, auxílio aos médicos."

"É fundamental. Na assistência do paciente, no gerenciamento."

"É o braço direito do médico, orientando, medicando. A enfermeira com experiência em pediatria dá seqüência ao trabalho do médico."

"A entrada e a saída de pacientes são baseadas na enfermagem."

A formação dos supervisores

Tivemos treze respostas para a questão da formação educacional dos supervisores do ambulatório, pois mesmo num dos hospitais, onde não foi possível entrevistar o responsável pelo ambulatório, pudemos registrar sua formação. A maioria (8) é constituída de médicos(as), sendo que apenas um deles tem formação em administração hospitalar, além de ginecologia e obstetrícia (com subespecialização em oncologia ginecológica), que é a área de atendimento desse ambulatório específico. Os demais têm especialização nas suas respectivas áreas de atendimento. Apenas um administrador hospitalar foi encontrado na função de supervisor do ambulatório; outro está cursando administração de empresas. Finalmente, encontramos uma enfermeira na função, a qual tem também habilitação em saúde pública e especialização em administração hospitalar, e ainda uma pessoa com curso de secretariado.

Os profissionais que devem atuar no ambulatório

Quando pedimos aos supervisores dos ambulatórios uma relação dos profissionais que deveriam trabalhar ali, obtivemos uma lista menos extensa do que entre administradores/diretores. Enquanto os primeiros citaram 72 profissionais (somando cada um tantas vezes quanto foi mencionado), estes últimos limitaram-se a 44. Comparemos agora suas respostas (somente onze entrevistados responderam às questões – ver quadro IX).

Não temos uma explicação para essa diferença, visto que tanto os diretores como os supervisores são, na maioria, médicos. Note-se que justamente alguns cargos de educadores não são mencionados pelos supervisores; os demais coincidem, mas não na freqüência com que são citados. Essa diferença se faz mais acentuada no que se refere à enfermagem, auxiliares e atendentes.

QUADRO IX

Profissionais que deveriam atuar no ambulatório, segundo os administradores/diretores e supervisores

Profissionais	**Número de respostas**	
	supervisores	**admin./diretor**
Médico	11	13
Enfermeira	6	11
Auxiliar de enfermagem	4	6
Atendente de enfermagem	3	6
Técnicos	2	4
Psicóloga	3	2
Assistente social	2	3
Fisioterapeuta	1	2
Fonoaudiólogo(a)	2	2
Terapeuta educacional	—	2
Educador de saúde pública	—	1
Pedagogo	—	1
Nutricionista	2	1
Escriturários	2	5
Recepcionistas	2	3
Secretárias	1	2
Recreacionistas	—	1
Voluntárias	—	1
Equipe de limpeza	1	3
Vigilante/zelador/segurança	1	3
Engenheiro de manutenção	1	1
Total	44	73

Fonte: Pesquisa de campo.

Quanto às funções a serem exercidas por esses profissionais, recebemos as seguintes respostas:

- "Cabem às recepcionistas o atendimento e a triagem inicial; às auxiliares o atendimento interno e a medicação; a enfermeira é responsável técnica pelo ambulatório; os técnicos de raio X e gesso têm de estar sempre à disposição; médicos." (O respondente não achou necessário especificar as funções destes últimos.)
- "Médicos (residentes, pós-graduados, docentes), engenheiro (manutenção, reformas, eletricidade), psicólogos (orientar e informar), fonoaudióloga."

- "As seis recepcionistas fazem cadastro, cuidam do prontuário, fazem o cartão de identificação e a ficha do Suds (Sistema Único Descentralizado de Saúde); as duas atendentes fazem os curativos e respondem às solicitações dos médicos".
- "As enfermeiras fazem a chefia específica do ambulatório, e as auxiliares cuidam mais da parte técnica".
- "Os médicos atendem as consultas do dia (generalistas e pediatras sem marcação e os especialistas com agendamento prévio); a auxiliar de enfermagem lida com medicação e sinais vitais; as atendentes distribuem os pacientes nos blocos; e as escriturárias atendem nos guichês fazendo as fichas, e outras jogam esses dados no computador. Também existe a segurança".
- "Os médicos fazem a assistência direta; as enfermeiras fazem a triagem, o atendimento, a educação e a administração; a assistente social faz a triagem social e a pós-consulta".

Podemos observar que as funções se distribuem conforme a existência ou não de certos profissionais. De modo geral, a função de triagem, que deveria estar nas mãos da enfermeira, muitas vezes é feita por atendentes e até recepcionistas. Um dos entrevistados, ao responder sobre os profissionais necessários, disse precisar de "enfermeiras em maior número". Aliás, foi queixa bastante comum a de insuficiente número de profissionais disponíveis para contratação.

A visão das enfermeiras

Tivemos onze enfermeiras respondendo a nosso formulário, dentre os quinze hospitais selecionados. Isso porque em um deles (Hospital das Clínicas) nenhum dos três níveis respondeu, em dois deles não há enfermeira no ambulatório e em um ela se encontrava de licença médica. Também uma das respondentes não completou a entrevista, alegando corrigir provas de alunos e dispor de pouco tempo. Tratava-se de um hospital que funcionava apenas com alunas e professores de uma escola de enfermagem. Assim, na maioria das questões, contamos apenas com dez respostas.

As funções administrativas das enfermeiras no ambulatório

São as seguintes as funções administrativas citadas pelas enfermeiras:

- a enfermeira administra o que se refere aos funcionários de enfermagem;
- administra cursos de reciclagem e atualização em todos os níveis;
- administra tudo, desde o setor de limpeza até prescrição médica;
- administra os consultórios médicos, vacinação, funcionários e material de consumo;
- administra pessoal de enfermagem, material e manutenção física (consertos);
- administra o ambulatório em si;
- administra o patrimônio e o material da área, elabora rotinas;
- administra quase tudo da parte de enfermagem e de outras áreas (deficiências e dificuldades de outros setores).

Duas das entrevistadas disseram que não precisam administrar. Uma delas trabalha no hospital que tem uma enfermeira como supervisora do ambulatório. Pelas respostas dadas anteriormente, podemos verificar que o papel administrativo da enfermeira de ambulatório não se limita às suas atividades específicas, podendo abranger também outros aspectos, o que resulta em um deslocamento da profissional de suas funções, deixando de atender os pacientes para administrar.

No ambulatório, a enfermeira também supervisiona os seguintes aspectos:

- as técnicas empregadas pelo pessoal de enfermagem;
- os auxiliares e atendentes de enfermagem; os escriturários e serviçais; o trabalho de encaminhamento de pacientes e materiais;

- os funcionários (faltas, aparência, conduta e o agendamento das consultas médicas);
- verificação de materiais, de medicação;
- farmácia, limpeza, arquivo;
- planejamento dos trabalhos e execução do que foi planejado.

Portanto, além da supervisão do pessoal de enfermagem propriamente dita, que é a atividade mais citada, pode caber à enfermeira do ambulatório controlar outros aspectos, como limpeza ou burocracia.

Com relação às funções de coordenação, a enfermeira restringe-se mais ao pessoal específico de sua equipe, determinando as escalas e o andamento de serviço. Também pode caber a ela o controle das entradas e saídas de exames, ou até mesmo o todo dos ambulatórios, mas estes últimos foram citados apenas uma vez cada. De um modo geral, mencionam-se a coordenação e a organização do trabalho do pessoal de enfermagem, sob todos os aspectos, inclusive as técnicas de atendimento ao paciente.

As atividades do planejamento, realizadas pela enfermeira, podem acontecer em conjunto com os níveis hierárquicos superiores (diretorias, divisão de enfermagem), iguais (médico responsável, educação continuada), ou inferiores (os funcionários a ela subordinados). Englobam aspectos bastante diversificados, que vão desde a rotina e o planejamento de escalas e férias, até cursos para grupos de doentes (diabéticos, hipertensos, etc.). Fica a seu encargo o planejamento de toda a atividade a ser exercida pelos seus subordinados, de modo a permitir um bom funcionamento do ambulatório.

Finalmente, também cabe à enfermeira a avaliação periódica dos funcionários do ambulatório, dos resultados obtidos pelos programas educativos e, em um dos casos, até o trabalho dos médicos.

Cuidados prestados a pacientes pelas enfermeiras

No ambulatório, as enfermeiras dão consultas em programas específicos, prestam cuidados a pacientes de risco e a pacientes em geral. Vejamos, primeiramente, em que casos são oferecidas ao paciente as consultas em programas específicos: diabéticos, fissurados, alérgicos, obesos, hipertensos, portadores de escoliose, tuberculose. Orienta em planejamento familiar e na psicoprofilaxia para gestantes, além de aleitamento materno, e gestantes com patologias ou problemas, tais como: diabéticas, cardiopatas, hipertensas, adolescentes, primigestas idosas, isoimunizadas, que sofrem abortamento habitual. Atende grupos de asma (orientação e exercício).

Há ainda consultas para triagem pós-consulta para orientação de exames a serem realizados tanto dentro como fora do hospital. Em todos os hospitais pesquisados que têm enfermeira no ambulatório, ela desenvolve ali alguma atividade de consulta em programa específico ou rotineiro.

Os cuidados a pacientes de risco são variados, em função das especialidades atendidas pelo hospital. Podem ser:

- quimioterapia e transfusão de sangue;
- convulsões;
- gestantes de alto risco;
- crianças da nefrologia;
- pacientes de Aids (comunicação com o departamento competente e transferência);
- pacientes de hematologia;
- determinação de condutas e encaminhamentos das urgências;
- encaminhamento geral.

Mesmo no caso de pacientes de rotina, a enfermeira dará atendimento nos curativos, aplicação e injeções, vacinas, colocação de gesso, preparação e coleta de material para exames, administração de toda a medicação por via oral e parenteral, controle de peso, altura e sinais vitais (pulso, pressão e temperatura), inalação, ECG (eletrocardiograma), IM (intramuscular). Os pacientes de oncologia, hematologia e cirurgia vascular estarão sempre sob os cuidados da enfermeira.

Se compararmos as respostas das enfermeiras e dos supervisores, com relação aos cuidados prestados a pacientes, não encontraremos grandes discrepâncias, embora as respostas das enfermeiras sejam bem mais completas.

Os registros que são feitos pelas enfermeiras

Correlacionando as respostas de supervisores e enfermeiras quanto a registros a serem feitos por estas no ambulatório, veremos que os primeiros têm uma noção muito vaga, para não dizer distorcida, do que é e deve ser registrado. Em alguns casos encontramos sérias diferenças entre as respostas de um e de outro. Vejamos:

Supervisor 1 — "Ela deve fazer registros dos atos não-médicos (curativos, medicação, sonda, orientação)."

Enfermeira 1 — "Todos os registros devem ser feitos pelas enfermeiras (não há orientação nos prontuários). Também há os registros específicos (ficha para controle de pagamento que vai para a contabilidade)."

Supervisor 2 — "Controle de material (entrada, permanência e saída). Registro dos pacientes de cirurgia. Controle do pessoal (faltas, licenças, distribuições)."

Enfermeira 2 — "Registros específicos (aplicação de insulina, curativos)."

Supervisor 3 — "Ela toma nota e é jogado no computador."

Enfermeira 3 — "Não existem registros sistemáticos feitos por enfermeiras."

Só podemos explicar de duas maneiras essa discordância: ou as enfermeiras não se lembram de certos registros que fazem rotineiramente ou, o que é mais provável, os supervisores não verificam nunca esses registros, e nem mesmo sabem do que constam. Esta última hipótese é reforçada pelo fato de que alguns supervisores não responderam à questão, porque não se consideram aptos a fazê-lo. Agora cabe indagar: se o supervisor não lê os registros, quem o faz?

Perguntamos às enfermeiras se os registros deveriam ser feitos em todos os casos ou apenas em casos específicos. Apenas duas responderam que casos específicos — aplicação da insulina e curativo —, e "só na consulta médica".

Dentre os registros a serem feitos, sempre foram citados o controle de peso e de temperatura, os cuidados prestados, desde vacinas até orientação, incluindo prontuário. Com registros específicos, temos a quimioterapia, a orientação às gestantes de alto risco, encaminhamentos para Saúde Pública e Assistência Domiciliar e as fichas para controle de pagamento.

Programas de saúde para a comunidade

Na parte referente aos programas de saúde para a comunidade, e a responsabilidade desses, as respostas das enfermeiras foram semelhantes às dos supervisores. Podemos citar:

- grupos de alérgicos, colostomizados, diabéticos e hemofílicos e pacientes de nefrologia, orientação de médicos responsáveis pelas clínicas, enfermeiras, assistentes sociais e psicólogas, dependendo da estrutura do hospital e de grupo visado ao programa específico;
- orientação de vacinas, nutrição, aleitamento materno e prevenção de doenças ginecológicas, sob responsabilidade da enfermeira e, em alguns casos, também da nutricionista.

Cooperação com instituições de ensino

Com relação à cooperação com instituições de ensino, as respostas das enfermeiras foram mais detalhadas que as dos supervisores; contudo, o estágio de odontologia existente em um dos hospitais não foi citado por elas, que mencionaram:

- Escola Paulista de Enfermagem, Escola Adventista de Enfermagem, Faculdades Zona Leste e Faculdades São Camilo (estagiárias);
- auxiliares de enfermagem, fisioterapeutas, ortópticos, fonoaudiólogos e farmacêuticos também fazem estágio nos hospitais pesquisados;

- residência médica;
- residência de enfermagem;
- USPHU — professores e alunos em programas de consulta de enfermagem para gestantes;
- pesquisa de pós-graduação em psicologia.

As atividades que as enfermeiras desenvolvem nesses programas consistem basicamente em orientar as estagiárias quanto às normas e rotinas do ambulatório e também de acompanhá-los(las) paralelamente ao monitor designado pela faculdade e, se for hospital-escola, em avaliar as estagiárias.

Treinamento de pessoal

Todas as entrevistadas afirmam existir no hospital algum tipo de treinamento, embora nem sempre seja específico do ambulatório, podendo ser único para todo o hospital, ou haver um setor específico de educação continuada. Nesse caso, a enfermeira do ambulatório também pode, conjuntamente, promover o treinamento. É possível também que ela promova um treinamento específico para o seu pessoal do ambulatório. No hospital-escola, não há treinamento da enfermagem ou do pessoal do ambulatório. Em sete respostas, a enfermeira promove o curso, participa de sua execução e recebe treinamento; em outro, ela promove a educação continuada e quê? Mas não participa da execução nem recebe treinamento.

Não existe contradição, no aspecto treinamento, entre as declarações dos supervisores dos ambulatórios e das enfermeiras.

Articulações com outras instituições de saúde

As respostas dos supervisores e das enfermeiras com relação à articulação com outras instituições de saúde diferem bastante, isso porque os primeiros têm um visão mais abrangente, enquanto elas especificam a sua participação nessa atividade. As enfermeiras citaram as seguintes articulações com outras instituições de saúde:

- encaminhamentos, recebimentos e transferências de pacientes;
- relações com o posto de saúde e o Ersa (Escritórios Regionais de Saúde);
- contatos com Associação dos Hemofílicos;
- distribuição de vagas para Aids;
- requisição de exames a serem feitos em outras instituições.

A enfermeira pode promover essa articulação, solicitando a vaga ou o encaminhamento; participar dela, como no caso de relações com o ERSA e a Associação de Hemofílicos, ou realizá-la acompanhando, por exemplo, cada passo de uma transferência.

Outras funções permanentes ou ocasionais exercidas pelas enfermeiras dos ambulatórios

A enfermeira do ambulatório pode, em alguns casos, ter de vir a trabalhar em outros setores do hospital. Cinco das entrevistadas mencionaram essa possibilidade como rotina em seu exercício profissional pelos seguintes motivos:

- plantões, por rodízio ou para cobrir a ausência de enfermeira em outro setor (não uma falta ocasional, mas algo previsto);
- atividades na escola de enfermagem e nos laboratórios das disciplinas médicas, controlando os funcionários;
- responsabilidade pelas enfermarias de: oncologia (36 leitos), neurocirurgia, endocrinologia;
- substituição por rotatividade na chefia de enfermagem.

Outro setor do hospital pode requisitar a enfermeira do ambulatório em caráter extraordinário, por falta da enfermeira de um andar ou no setor de emergência.

Dentro do próprio ambulatório, a enfermeira pode vir a suprir as funções da assistente social, na falta desta, e ainda o controle de segurança no trabalho, avaliação de estágios de alunos e participação de reuniões. Além disso, pode ter de substituir os funcionários de sua equipe se um deles faltar. Em três dos hospitais pesquisados, isso *nunca* aconteceu, inclusive, em um deles, por proibição da chefia. Em outros três, tal fato ocorre *poucas vezes*, sendo que em dois deles é mais comum ocorrer a substituição das auxiliares de enfermagem, e, no terceiro, dos escriturários, agentes de portaria e atendentes. Em dois hospitais, dentre os analisados, *muitas vezes* a enfermeira precisa substituir outros profissionais — como escriturários, auxiliares de enfermagem e atendentes. Finalmente, nos últimos dois, um público e outro filantrópico, isso ocorre *continuamente,* e, além das funções já citadas, também pode ser necessário substituir a assistente social e os serviços em geral. Não há obrigatoriedade de que a enfermeira cubra essas funções, podendo substituir, por exemplo, uma atendente, a ser designada uma auxiliar. Contudo, é raro alguém de grau inferior substituir outro acima.

Satisfação com a atividade profissional

Embora a maioria dos administradores e supervisores tenha respondido positivamente sobre a importância da presença da enfermeira no ambulatório e sobre o benefício de sua atuação como superior ao seu custo, a maioria das profissionais entrevistadas acha que não está sendo plenamente aproveitada no seu potencial e capacidade de trabalho. As razões apresentadas foram as seguintes:

"Porque gosto de fazer assistência. É algo intrínseco à própria profissão, e que, por desempenhar outras atividades, não executo."

"Exatamente porque não tenho apoio da chefia."

"Não é difícil ser aproveitada plenamente. Quando se tem uma coisa, não tem outra, sempre falta alguma coisa."

"A enfermeira estuda muito, e, por falta de pessoal, não há tempo para aplicar a carga de conhecimentos adquiridos e também por questões administrativas."

"Pela própria estrutura burocrática da enfermagem, salários, critérios de exigência, participação."

Apenas duas respondentes mostraram-se satisfeitas:

"Sim. É até exagero."
"Sim. Começamos com tudo improvisado, e, com o tempo, foram adquirindo material, tudo o que se relaciona ao ambulatório, medicação, até computador."

Quanto à valorização do trabalho que exerce no ambulatório, a maioria (seis) considerou que ele é reconhecido, contra três que não o consideram. Dentre essas, apenas uma apresentou motivos:

"Por exemplo, estamos com falta de material porque não se dá ouvidos ao alerta dado pela enfermagem. Então é preciso ficar pedindo material emprestado como se fosse favor."

Já para os aspectos positivos obtivemos mais respostas:

"É reconhecido sob o aspecto profissional, de capacitação, de engajamento."
"Por conseguir resolver os problemas sem gerar conflitos na equipe de enfermagem."
"É reconhecido no aspecto moral."
"É bastante valorizado porque é um trabalho estressante que pouca gente agüenta."
"Acho que sim, em todos os aspectos, pelo bom relacionamento com todos."

Formação acadêmica das enfermeiras

Nossas entrevistadas graduaram-se em enfermagem nas seguintes faculdades:

- duas na Universidade de São Paulo
- uma na Escola de Enfermagem São José (anterior Santa Casa e atual São Camilo)
- uma na Universidade Católica de Minas Gerais
- uma na Faculdade de Enfermagem Adventista
- uma na Escola D. Epaminondas (S. José dos Campos)

- duas nas Faculdades Integradas de Guarulhos
- uma na Escola de Enfermagem Waddel, na Bahia

Apenas uma das entrevistadas não tem outros cursos além da graduação. Embora cinco delas tenham cursado Administração Hospitalar, o período varia entre um mês e um ano e meio. Três das entrevistadas obtiveram licenciatura, duas delas fizeram especialização, com um ano de curso, e uma delas com dois anos, sem especificar se era graduação ou especialização. A habilitação em Saúde Pública, com um ano de duração, foi cursada por duas das enfermeiras pesquisadas. Uma das entrevistadas licenciou-se em obstetrícia, após dois anos de curso, e outra fez especialiação (duração não-mencionada); outros cursos mencionados pelas entrevistadas (uma vez cada um): Medicina e Segurança do Trabalho (três anos), Metodologia do Ensino, da Pesquisa e da Assistência (dois anos), Jornadas em Creches (dois meses), Vacinas (um mês), Auxiliar de Enfermagem, Técnico de Raio X e Técnico de Eletroencefalograma.

Conclusões

Conclusões gerais

1) O SUS, importante na sua filosofia e na essência das suas determinações, depende, entretanto, de medidas complementares, jurídicas e até econômicas para poder demonstrar sua potencialidade na atuação concreta.

2) Apesar das intenções estatais de atendimento público e extensivo a toda a população e de uma prioridade ao atendimento preventivo, ocorre a dominância da assistência médica hospitalar curativa sobre qualquer outra atividade: saúde pública, saneamento básico, recursos humanos, etc. Propugnamos que a saúde seja direito de todo cidadão e dever do Estado, e as instituições de saúde deveriam estender a cobertura de seus serviços para atingir o todo da população, mas, na realidade, o que ocorre é o aumento da dependência de serviços médico-hospitalares privados, de crescente sofisticação tecnológica, determinando uma elevação de custos e, portanto, a elitização do atendimento.

3) Na visão sistêmica, os serviços de atendimento à saúde englobam: saúde comunitária, promoção, prevenção, cura e reabilitação. Dentro desse sistema de saúde, cada um desses aspectos forma subsistemas, recebendo *inputs* do meio exterior e influindo sobre sua população interna. O ambulatório situa-se no subsistema dos serviços curativos; entretanto, pelo próprio raciocínio sistêmico, quando analisado como um todo, não só se erige em sistema, como também abarca funções de promoção, prevenção e reabilitação.

4) Na história da medicina e da enfermagem, encontramos dois fatores principais: 1º) a passagem paulatina de um modo de

pensar mágico e religioso a uma visão científica do binômio saúde/doença; 2º) a medicina e a enfermagem foram atividades dissociadas, apresentando uma relação de indiferença entre si e profundamente diversas no que se refere à valorização, posição e *status* sociais.

5) As transformações por que passa o hospital representam elementos aglutinadores que trazem para seu seio o exercício da medicina e, como seqüência, a subordinação da enfermagem a ela.

6) A história da enfermagem no Brasil é marcada pela passagem da complementação das práticas de saúde mágico-religiosas das tribos indígenas para uma enfermagem eminentemente empírica, no momento da colonização, característica que se mantém por quase três séculos, modificando-se novamente com o alvorecer do século XX, quando a enfermagem se estrutura, visando à saúde pública.

7) A enfermagem no Brasil institucionaliza-se sob a égide do modelo norte-americano calcado nos padrões nightingalianos, e sua formação engloba também a função de supervisão de seus auxiliares, originando a divisão de trabalho entre intelectual e manual e atendendo à necessidade das empresas/hospitais capitalistas de mão-de-obra mais barata.

8) As teorias de enfermagem, que embasam sua prática no país, são, principalmente, de origem norte-americana e passam, sucessivamente, de uma fundamentação alicerçada em ciências biológicas às sociais e do comportamento.

9) Os profissionais de enfermagem do país estão em permanente avaliação de sua atividade, buscando seu aprimoramento sob múltiplos aspectos: papel atuante nas equipes multiprofissionais; equilíbrio adequado entre administação-supervisão e serviços assistenciais; aprofundamento da atividade da consulta de enfermagem; participação no planejamento das atividades do hospital; educação continuada, e a própria construção de ciência de enfermagem, com a correlação entre teoria e prática a ser desenvolvida, sobretudo, por meio de pesquisas.

10) As críticas ao "modelo" de enfermagem implantado no país demonstraram que os objetivos vistos anteriormente não se concretizam, ainda, nos seguintes aspectos: determinação de seu

papel profissional; adequado equilíbrio no desempenho das funções; reconhecimento de sua capacidade de planejamento e direção e a constituição de um saber próprio, no qual a prática derive de concepções teóricas mais amplas.

Conclusões em pesquisa

1) O caracteristicamente feminino da enfermagem se mantém, bem como a predominância das funções administrativas e de coordenação sobre as de atendimento. Sobressaem os aspectos capitalistas do serviço de saúde, mormente nas instituições que não visam ao lucro, pois nessas a falta de recursos determina uma queda no atendimento, que, entre outros aspectos, se configura pela presença insuficiente de enfermeiras.

2) Por outro lado, a educação continuada foi uma conquista, estando presente na maioria dos hospitais. O mesmo não ocorre com a educação para a família, cuja prática se restringe a algumas instituições pioneiras.

3) Percebemos íntima correlação entre o número de enfermeiras no ambulatório e a qualidade de serviço oferecido pelo hospital: hospitais limpos, bem equipados, com pequeno número de pessoas esperando atendimento, facilidade de acesso às informações e amplo leque de especialidades médicas oferecidas, correspondentes, invariavelmente, à presença de *pelo menos uma enfermeira no ambulatório*. Permanece, contudo, de um modo geral, a escassez de profissionais.

4) Embora as equipes multiprofissionais não sejam uma realidade em alguns hospitais, no entanro se esforçam por vê-las funcionando de forma eficaz. As principais barreiras para o seu pleno funcionamento estão na falta de um ou mais elementos indispensáveis e na capacidade organizativa. Existe uma tendência de considerar a enfermeira como líder natural na coordenação das equipes multiprofissionais, pelo menos em nível de intenção. Por outro lado, ela ainda é vista como o elemento que cobre a falta de todos os outros, à exceção do médico e do dentista, o que resulta numa distorção de seu papel.

5) Predomina a visão da enfermeira como administradora, com uma leve tendência de substituí-la nessa função pelos administradores hospitalares, para que se dedique ao paciente. Em alguns hospitais, a solução da ambigüidade de atenção ao doente/administração vem sendo obtida pela presença constante de duas enfermeiras no ambulatório.

6) Existe uma relação entre a forma curativa e fragmentada do atendimento de saúde no Brasil e a desvalorização do serviço da enfermeira e supervalorização do médico. Em contrapartida, em muitas instituições já percebemos a importância da atuação da enfermeira e a economia que ela pode representar para a própria instituição hospitalar, enquanto desempenha funções preventivas e de promoção. Assim, a enfermeira já não é vista como uma subalterna, mas como complementar ao médico, elevando-se, paulatinamente, sua posição dentro da instituição hospitalar.

Essa valorização se faz sentir, principalmente, no campo administrativo.

7) O ideal de atendimento global do paciente, centrado mais na prevenção do que na cura, já é meta concreta em algumas unidades hospitalares, embora ainda esbarre na própria mentalidade da população, que não possui o hábito de buscar os serviços de saúde para evitar a doença.

8) Há muitas instituições. Fazem parte integrante da consulta da enfermagem a pós-consulta, a orientação a grupos específicos e a triagem. Esta, geralmente, é feita por médicos. Encontram-se verdadeiras aberrações, quando a triagem é realizada por pessoal não-qualificado, como recepcionistas.

9) Embora possa existir carência de material, esta não é sentida pelas enfermeiras como o maior empecilho ao correto desempenho de suas funções, pois pequeno número delas mencionou esse problema, enquanto a escassez de pessoal gera dificuldades constantes. Também a administração geral dos hospitais e dos ambulatórios queixa-se da escassez de profissionais de enfermagem para um bom atendimento sanitário.

10) Finalmente, a participação da enfermeira no planejamento, execução e avaliação do serviço vem sendo entendida como necessária na maioria dos ambulatórios, justamente nos mais eficientes e que oferecem melhor atendimento aos pacientes.

Comprovação/refutação das hipóteses

Hipótese básica

Existe um desvio significativo entre as funções "determinadas" pelo "modelo conceitual" para os enfermeiros em ambulatórios e as práticas por eles exercidas, em decorrência: a) da não-conscientização plena do papel do enfermeiro; b) do "custo" representado pelo profissional, em atividades entendidas como "rotineiras"; c) da não-difusão global do conceito de equipes multiprofissionais, concebidas como "onerosas" e "desnecessárias"; d) da ênfase exagerada dada ao papel desempenhado pelos médicos.

Podemos dizer que a hipótese foi comprovada em parte; portanto, o desvio existe, porém não é fundamentalmente significativo, em virtude dos seguintes aspectos:

a) mantém-se, na maioria das unidades pesquisadas, uma certa "confusão" no que se refere ao *papel* do enfermeiro;
b) a questão do custo realmente é um fator limitante, porém encontra-se inversamente relacionado com o "nível", a complexidade, a modernização e a qualificação do atendimento, ou seja, quanto melhor o "nível", mais o profissional é requerido, o inverso ocorrendo nas unidades ambulatoriais mais simples;
c) praticamente ninguém se refere às equipes multiprofissionais como "desnecessárias", e poucos apontam seu "custo"; entretanto, se "todos são favoráveis", por outro lado só alguns as "introduziram". Em outras palavras: "sim, devem existir, devem funcionar, estamos implantando", ou "são importantes, mas...", trazendo uma situação de "existem, mas ainda não funcionam", "encontram-se em processo de implantação", "vamos providenciar"...
d) o papel desempenhado pelos médicos continua preponderante, apesar de, em algumas instituições, o(a) enfermeiro(a) ter sido elevado(a) a co-partícipe das decisões com o(a) médico(a) e, em sua maioria, lentamente estar desempenhando funções de planejamento e de tomada de decisões.

Hipóteses secundárias

— A visão dos administradores de instituições de saúde sobre a integração setorial, a posição do ambulatório no todo e o papel do especialista do campo da enfermagem é predominantemente fundamentada no subaproveitamento do potencial do enfermeiro, na concepção mais utilitarista das equipes multiprofissionais e na ênfase aos procedimentos "burocráticos".

Novamente a comprovação se dá em parte, pois o afirmado na hipótese é verdadeiro para as instituições de saúde de menor "porte" e "nível" modesto, não o sendo para as demais — relação inversa no que diz respeito à "qualidade" do atendimento.

— A necessidade de cumprir "metas", apresentar resultados e supervisionar funções freqüentemente predeterminadas pela direção-geral leva o responsável pelo setor ambulatorial a dar mais destaque ao *ser* do que ao *dever ser*; o último é estimulado, na medida em que os objetivos são vistos também "qualitativamente" pelo administrador da instituição.

A hipótese é refutada, pois a ênfase maior, no que se refere à discrepância entre *dever ser* e *ser*, recai não na relação do responsável pelo setor ambulatorial com a direção geral, mas com o *preconizado pelo SUS*, isto é, com os *postos de saúde*. A explicação reside em que os postos de saúde *deveriam* propiciar o *primeiro atendimento*, o simples, que não requer cuidados especializados ou "sofisticados"; portanto, cuidar de casos "comuns". O exemplo pode ser retirado das queixas feitas durante as entrevistas: cerca de 80% dos casos de mulheres que procuram o atendimento de obstetrícia *sequer tinham tido sua gravidez constatada*, fazendo com que fossem reencaminhadas ao posto de saúde (muitas vezes *mais próximos de sua residência*). Se os postos de saúde, na opinião dos entrevistados, *não cumprem sua função, sobrecarregam desnecessariamente o ambulatório* e causam transtornos à população, como podem as unidades ambulatoriais funcionar devidamente? Mas ainda, diante da situação (*ser*), as respostas indicam que as sugestões dos responsáveis pelo setor são *normalmente* atendidas pela direção geral; portanto, existe uma preocupação "qualitativa" pelo funcionamento do ambulatório na instituição.

— Na maioria dos casos, existe uma percepção de possível distorção entre *dever ser* e *ser* no desempenho profissional, por parte dos enfermeiros, sendo mais freqüente a satisfação no trabalho quando existe uma relação direta entre a tarefa executada e o reconhecimento da chefia, até certo ponto independente da abrangência das funções desempenhadas.

Nossa última hipótese foi comprovada. Entretanto, poderia ser completada pela explicitação da causa principal da distorção, predominantemente ocasionada, segundo os depoimentos, pela aguda *falta de pessoal qualificado*. Como reforço a essas colocações expressas pelos entrevistados, durante a pesquisa fomos surpreendidos por insistentes pedidos de indicação de enfermeiros diplomados para a instituição, ao tomarem conhecimento de nossa formação e de que realizávamos um trabalho para ser apresentado à Faculdade São Camilo!

Referências bibliográficas

ADAMI, N. P. *et al.* "Características básicas que diferenciam a consulta de enfermagem da consulta médica". *Acta Paulista de Enfermagem,* nº 1, vol. 2. São Paulo: SPDM, mar. 1989.

ALMEIDA, M. C. de, ROCHA, J. S. Y. *O saber de enfermagem e sua dimensão prática.* São Paulo: Cortez, 1986.

AQUINO, C. P. "Política de recursos humanos". *Revista Paulista de Hospitais,* nº 28. São Paulo, 1980.

AROUCA, A. S. da S. "Democracia é saúde". Ministério da Saúde. *Anais* da VIII Conferência Nacional de Saúde. Brasília, 1987.

ASSOCIAÇÃO BRASILEIRA DE ENFERMAGEM. *Anais* do XXIX Congresso Brasileiro de Enfermagem. Camboriú, 1977.

————. *Anais* do XXIX Congresso Brasileiro de Enfermagem. Belém, 1978.

————. *Anais* do XXIX Congresso Brasileiro de Enfermagem. Fortaleza, 1979.

————. *Anais* do XXXIII Congresso Brasileiro de Enfermagem. Manaus, 1981.

————. *Anais* do XXXIV Congresso Brasileiro de Enfermagem. Porto Alegre, 1982.

————. *Anais* da Assembléia de Delegados. São Paulo, 1983.

————. *Anais* do XXXVII Congresso Brasileiro de Enfermagem. Olinda, 1985.

————. *Anais* do XXXIX Congresso Brasileiro de Enfermagem. Salvador, 1987.

————. *Revista Brasileira de Enfermagem.* Rio de Janeiro, ano VIII, nº 2, 1955.

————. *Revista Brasileira de Enfermagem.* Brasília, ano XXXIV, nº 1, jan./fev./mar. 1981.

————. *Revista Brasileira de Enfermagem.* Brasília, ano XXXIV, nº 2, abr./mai./jun. 1981.

————. *Revista Brasileira de Enfermagem.* Brasília, ano XXXIV, nºs 3 e 4, jul./dez. 1981.

BARBOSA, A. R. *Morte e renascimento do ego: uma técnica de evolução psicológica sobre a morte e o morrer.* Campinas: Pontifícia Universidade Católica, 1990 (dissertação de mestrado).

BARRETO, T. B. *Serviços federais de saúde em 1938.* [s. l.]: Imprensa Nacional, [s. d.].

BARROS, M. F. R. de J. "Uma proposta de padronização de ações de enfermagem na equipe de saúde". Revista Brasileira de Enfermagem. Brasília, ano XXXIV, nºs 3 e 4, jul./dez. 1981.

BLAU, P. M., SCOTT, W. R. *Organizações formais: uma abordagem comparativa.* São Paulo: Atlas, 1970.

BRAGA, E. "Enfermagem no contexto da saúde e do desenvolvimento do país". *Anais* do XXXV Congresso Brasileiro de Enfermagem. São Paulo: ABEn, 1983.

BRAGA, J. C. S. *A questão de saúde no Brasil.* Campinas: Universidade Estadual, 1978 (dissertação de mestrado).

BRAGA, J. C. S., PAULA, S. G. *Saúde e previdência: estudo de política social,* 2ª ed. São Paulo: CEBES/Hucitec, 1981.

BRASIL. Conselho Federal de Enfermagem. Associação Brasileira de Enfermagem. *O exercício da enfermagem nas instituições de saúde no Brasil 1982/1983.* 2 vols. Rio de Janeiro, 1985.

————. Ministério da Previdência e Assistência Social. Coordenadoria de Comunicação Social. *SINPAS — Sistema Nacional de Previdência e Assistência Social: a reorganização e a racionalização da Previdência Social.* Rio de Janeiro, 1977.

————. Instituto Nacional da Previdência Social. *Relatórios.* Rio de Janeiro, 1975.

BURNS, E. M. *História da civilização ocidental.* Rio Grande do Sul: Globo, 1963.

BUSS, P. M. *et al. Ministério da Saúde e saúde coletiva: a história de 20 anos, 1953-1974*. Rio de Janeiro: Instituto de Medicina Social da Universidade Estadual, 1976 (mimeografado).

CAMPEDELLI, M. C. (org.). *Processo de enfermagem na prática*. São Paulo: Ática, 1989.

CARVALHO, A. C. *Associação Brasileira de Enfermagem: 1926-1976*. Brasília: ABEn, 1976 (documentário).

————. *Orientação e ensino de estudantes de enfermagem no campo clínico*. São Paulo: USP/Escola de Enfermagem, 1972 (tese de doutorado).

CARVALHO, V. de, CASTRO, I. B. "Reflexões sobre a prática de enfermagem". *Anais* do XXI Congresso Brasileiro de Enfermagem. Fortaleza: ABEn, 1979.

COE, R. M. *Sociología de la medicina*. Madri: Alianza, 1973.

CHURCHMAN, C. W. *Introdução à teoria dos sistemas*. 2ª ed. Petrópolis: Vozes, 1972.

DEANE, P. *A revolução industrial*. 3ª ed. Rio de Janeiro: Zahar, 1975.

DOBB, M. *A evolução do capitalismo*. 6ª ed. Rio de Janeiro: Zahar, 1977.

DONNANGELO, M. C. F. *Medicina e sociedade*. São Paulo: Pioneira, 1975.

ENCICLOPÉDIA MIRADOR INTERNACIONAL. Vol. 11. São Paulo: Melhoramentos, 1976.

FERNANDES, J. D. "Contribuição da equipe multiprofissional nas ações de saúde — mito ou realidade?" *Revista Brasileira de Enfermagem,* nº 2. Brasília, ano XXXIV, abr./mai./jun. 1981.

FIORI, J. L. C. Introdução. Em: R. Guimarães. *Saúde e medicina no Brasil: contribuição para um debate*. 4ª ed. Rio de Janeiro: Graal, 1984.

FORJAZ, M. de V. "O aspecto social da enfermagem". *Revista Brasileira de Enfermagem,* ano VIII, nº 2. Rio de Janeiro: ABEn, 1955.

FOUCAULT, M. "Incorporación del hospital em la tecnología moderna". *Educación Médica y Saludl,* nº 1, vol. 12. Washington: OPAS/OMS, 1978.

————. *Vigiar e punir*. Petrópolis: Vozes, 1977.

GERMANO, R. M. *Educação e ideologia da enfermagem no Brasil.* 2ª ed. São Paulo: Cortez, 1985.

GIMPEL, J. *A revolução industrial da Idade Média*. Rio de Janeiro: Zahar, 1977.

GONÇALVES, E. L. (org.). *O hospital e a visão administrativa contemporânea*. São Paulo: Pioneira, 1983.

GONÇALVES, R. B. M. *Medicina e história: raízes sociais do trabalho médico*. São Paulo: USP, 1974.

GUIMARÃES, R. (org.). *Saúde e medicina no Brasil*. 4ª ed. Rio de Janeiro: Graal, 1984.

HODGET, G. A. J. *A história social e econômica da Idade Média*. Rio de Janeiro: Zahar, 1975.

HUBERMAN, L. *História da riqueza do homem*. 10ª ed. Rio de Janeiro: Zahar, 1974.

JAMIESON, E. M. *et al*. *Historia de la enfermera*. 6ª ed. México: Interamericana, 1966.

JATENE, A. D. "Ações integradas de saúde". Ministério da Saúde. *Anais* da VIII Conferência Nacional de Saúde. Brasília, 1987.

KASTENBAUM, R., AISENBERG, R. *Psicologia da morte*. São Paulo: Pioneira, 1983 (edição concisa).

KATZ, D., KAHN, R. L. *Psicologia social das organizações*. São Paulo: Atlas, 1970.

KIMURA, M. "Teorias da enfermagem — sua aplicação prática". Em: M. C. Campedelli (org.). *Processo de enfermagem na prática*. São Paulo: Ática, 1989.

LAKATOS, E. M. *Sociologia geral*. 6ª ed. São Paulo: Atlas, 1990.

LEITE, C. B., VELLOSO, L. A. P. *Previdência Social*. Rio de Janeiro: Zahar, 1963.

LIMA, M. F. L. *et al*. "O enfermeiro e seu compromisso social". *Anais* do XXIX Congresso Brasileiro de Enfermagem. Fortaleza: ABEn, 1979.

LOBO, F. B. *O ensino da medicina no Rio de Janeiro*. Rio de Janeiro: Departamento de Imprensa Nacional, 1964, 5 vols.

LOCATO, M. de L. *O universitário de enfermagem no Projeto Rondon*. Rio de Janeiro: Universidade Federal, 1976 (tese de livre-docência).

LUZ, M. T. *As instituições médicas no Brasil: instituições e estratégias de hegemonia*. 3ª ed. Rio de Janeiro: Graal, 1986.

MACHADO, F. de A. "Sugestões para um modelo alternativo de atenção à saúde". *Saúde em Debate,* nº 31. Londrina: Cebes, março 1991, pp. 31 a 35.

MACHADO, R. *et al. Dominação da norma*. Rio de Janeiro: Graal, 1978.

MAGALHÃES, M. "A política e saúde pública no Brasil nos últimos cinqüenta anos". Simpósio sobre Política Nacional de Saúde, I. Brasília: Câmara dos Deputados, 1980.

MÉDICI, A. C. *A força de trabalho em saúde no Brasil dos anos setenta: percalços e tendências*. Rio de Janeiro: Fiocruz, 1985 (mimeografado).

MELO, C. G. de. *Saúde e assistência médica no Brasil.* São Paulo: Cebes/Hucitec, 1977.

MELO, C. M. M. de. *Divisão social do trabalho de enfermagem.* São Paulo: Cortez, 1986.

MERHY, E. E. "A lei orgânica de saúde é orgância a quem?" *Saúde em Debate,* nº 32. Londrina: Cebes, jun. 1991, pp. 17 a 18.

MINISTÉRIO DA SAÚDE. *Anais* da 8ª Conferência Nacional de Saúde. Brasília, 1987.

MOLINA, M. T. *Historia de la enfermera.* 2ª ed. Buenos Aires: Intermédica, 1973.

NOGUEIRA, R. P. *Medicina interna e cirurgia: a formação social da prática médica.* Rio de Janeiro: UERJ/Instituto de Medicina Social, 1977.

OGUISSO, T., SCHMIDT, M. J. "Sistema de prestação de serviços de saúde e sua repercussão na enfermagem". *Anais* do XXXI Congresso Brasileiro de Enfermagem. Fortaleza: ABEn, 1979.

OLIVEIRA, M. I. R. de. "Relações da enfermagem com as demais carreiras universitárias". *Anais* do XXIX Congresso Brasileiro de Enfermagem. Camboriú, 1977.

PAIXÃO, W. *História da enfermagem.* 5ª ed. Rio de Janeiro: Júlio C. Reis, 1979.

————. *Páginas da história da enfermagem.* Rio de Janeiro: Bruno Buccini, 1963.

PENA, M. V. J. *Mulheres e trabalhadores.* São Paulo: Paz e Terra, 1981.

PIRES, D. *Hegemonia médica na saúde e a enfermagem*; *Brasil: 1500 a 1930*. São Paulo: Cortez, 1989.

POSSAS, M. R. *Estrutura industrial brasileira*: *base produtiva e liderança dos mercados (1970)*. Campinas: Unicamp, 1977 (dissertação de mestrado).

————. *Saúde e trabalho*. Rio de Janeiro: Graal, 1981.

PROAHSA. *Manual de organização e procedimentos hospitalares*. São Paulo: FGV/EAESP/FMUSP, 1987.

RIBEIRO, C. de M. "Avaliação da assistência de enfermagem". *Anais* do XXIX Congresso Brasileiro de Enfermagem. Camboriú: ABEn, 1977.

RODRIGUES NETO, E. "A lei orgânica do sistema único de saúde: uma proposta". *Divulgação em Saúde para Debate,* nº 4. Londrina: Cebes, junho, 1991, pp. 35 a 39.

ROSÁRIO, N. de. "Oswaldo Cruz e a questão da saúde". *Saúde em Debate,* vol. 4. São Paulo, 1977,

ROSEN, G. *Da polícia médica à medicina social: ensaios sobre a história da assistência médica*. Rio de Janeiro: Graal, 1979.

RUSSOMANO, M. V. *Curso de previdência social*. São Paulo: Forense, 1979.

SANTOS, C. A. *A enfermagem como profissão*: *estudo num hospital-escola*. São Paulo: Pioneira/Ed. Universidade de São Paulo, 1973.

SANTOS, E. K. A. dos. "Comparação entre as teorias de enfermagem de Horta, King, Rogers e Orem". *Revista Paulista de Enfermagem,* nº 1, vol. 15. São Paulo, jan./mar. 1985.

SANTOS FILHO, L. *História geral da medicina brasileira*. São Paulo: Hucitec, 1977, 2 vols.

SANTOS, I. dos, VIEIRA, C. A. de B. "Análise crítica da prática atual de enfermagem no país". *Anais* do XXXI Congresso Brasileiro de Enfermagem. Fortaleza: ABEn, 1979.

SCHULZ, R., JOHNSON, A. C. *Administração de hospitais*. São Paulo: Atlas, 1979.

SEYMER, L. R. *Florence Nightingale*: *pioneira da enfermagem e da emancipação feminina*. São Paulo: Melhoramentos [s.d.].

SILVA, G. B. da. "Desenvolvimento da enfermagem — correlação dos problemas de profissão e da mulher na sociedade". *Anais* do XXXI Congresso Brasileiro de Enfermagem. Fortaleza: ABEn, 1979.

———. *Enfermagem profissional: análise crítica*. São Paulo: Cortez, 1986.

SIMÃO, A. *Sindicato e Estado*. São Paulo: Domims, 1966.

SINGER, P. *et al*. *Pesquisa sobre economia da saúde no Brasil*. São Paulo: Cebrap, 1977.

———. *Prevenir e curar. O controle social através dos serviços de saúde*. Rio de Janeiro: Forense Universitária, 1978.

SOBREIRA, N. R. *et al*. "Estratégia de enfermagem para implementação da atenção primária de enfermagem". *Revista Brasileira de Enfermagem,* ano XXXIV, nº 1. Brasília, jan./fev./mar. 1981.

SOUZA, J. A. H. "Sistema unificado de saúde". *Anais* da VIII Conferência Nacional de Saúde. Ministério da Saúde. Brasília, 1987.

———. *Anais* do Ministério da Saúde. Rio de Janeiro [s.e.], 1980.

STEPAN, N. *Gênese e evolução da ciência no Brasil*. Rio de Janeiro: Artenova, 1976.

SWEEZY, P. *et al*. *A transição do feudalismo para o capitalismo*. Rio de Janeiro: Paz e Terra, 1977.

VALERIUS, V. *Legislação brasileira e previdência social*. 4ª ed. Rio de Janeiro: Aurora, 1978.

VINHA, V. H. P. *et al*. "Triagem de pacientes para consulta feita por médicos e enfermeiras". *Boletin de la Oficina Sanitaria Panamericana,* nº 2, vol. 2. Washington: OPAS/OMS1987.

Formato Fechado
140 x 210 mm

Mancha
105 x 184 mm

Tipologia
Times New Roman corpo 11

Papel
Miolo: Offset Branco 75 g/m^2
Capa: Cartão Triplex 250 g/m^2

Acabamento
Cadernos de 16 pp. costurados e colados – brochura

Tiragem
2.000 exemplares

Impressão
Imprensa Oficial do Estado
Abril de 2000